U0175827

当人工智能考上名校

AI vs. 教科書が読めない子どもたち

[日] 新井纪子_著　　郎旭冉_译

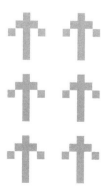

民主与建设出版社
·北京·

前　言　我对未来的预测

关于人工智能的讨论实在太多了。虽然我的这本书也是关于人工智能的，我这样说可能有些奇怪，不过是市面上关于人工智能的书真的太多了。

甚至有些书叫作《当人工智能成为上帝》《人工智能将毁灭人类》《奇点即将到来》……每当看到这种耸人听闻的书名，我都会忍不住想插上一句。

当人工智能成为上帝吗——人工智能不会成为上帝。人工智能将毁灭人类吗——人工智能不会毁灭人类。奇点即将到来了吗——奇点不会到来。

我是一名数学家。我研发了"东大机器人"，像抚养孩子一样培育它不断成长，去挑战东京大学的入学考试。有这么多人对人工智能感兴趣，对我来说是一件非常开心的事。但同时我又十分担忧，因为很多与人工智能相关的书，或者简单粗暴，或者危言耸听，它们所塑造的人工智能的形象或者关于人工智能的未来预测已经完全偏离了事实。

人工智能既不会代替上帝为我们带来乌托邦，也不会拥有超越人类的能力而毁灭我们，至少目前不会。我说的"目前"，是指如今正在阅读本书的各位读者以及各位的子女们在世期间。在这个范围内的未来，人工智能或者装有人工智能的机器人把所有人的工作都夺走的情况不会出现。人工智能是计算机，计算机能做的就是计算而已。知道了这一点，我们就会明白，所谓机器人夺走所有人的工作、人工智能拥有自主意识并为了自己的生存而攻击人类等想法都只不过是幻想而已。

既然人工智能仍是需要在计算机上实现的软件，那么只要无法把人类的所有智能活动都用算式表示出来，人工智能就不可能取代人类。后文还会详细介绍，对于希望人工智能成为上帝拯救人类的人来说，十分遗憾，现阶段的数学还不具备这种能力。这不是提升运算速度或者改进算法就能解决的问题，而是数学本身的局限。因此，人工智能既不会成为上帝，也不会成为征服者，奇点也不会到来。

哦，原来是这样啊！说什么我们的工作以后会被人工智能取代，原来都是骗人的！这下就放心了……可能有人看到这里会这样想。不过很可惜，我对未来的预测也不是这样的。未来奇点确实不会到来，人工智能也不会夺走人类的所有工作，但在即将到来的社会，确实有很多工作会被人工智能取代。也就是说，人工智能虽然不会成为上帝或者征服者，但是它已经具有足够的实力，能够成为人类的强劲对手。"东大机器人"虽然没能考上东京大学，但它的偏差值①已经足够考上 MARCH②级别的一流私立大学。

有一些人工智能乐观主义者认为，即使人工智能会取代很多工作，但未来还会出现人工智能无法取代的新型劳动需求来吸收剩余劳动力，生产率提高了，经济仍然会不断发展。他们认为就像卓别林的"摩登时代"产生了白领阶层一样，今后也会出现一些过去没有的职业。真的会这样吗？我并不这么乐观。

在推进"东大机器人"挑战项目的同时，我还对日本人的阅读理解能力进行了大规模统计和分析。在这个过程中，我发现了一个令人震惊的事实。我发现，大多数日本初中生和高中生通过填鸭式教育可能在英语单词、世界史年表和数学计算等方面拥有丰富的表层知识，但他们却看不懂相当于初中历史或理科课本难度水平的文章。这个问题非常严重。

对人工智能来说，背诵英语单词及世界史年表，或者得出正确的计算结果都是手到擒来。相比之下，它最不擅长的是理解课本内容的含义，本书的正文部分将会详细说明其原因。

可能很多读者发现了：咦？那不是跟日本的中学生一样吗？是的，正是这样。现代日本劳动力的质量与越来越强大

---

① 偏差值＝（得分 − 平均分）/ 标准差 ×10＋50，是日本普遍用来评定学生考试成绩的方法。——译者注（后文如未特别注明，均为译者注）
② 后文还有详细介绍，MARCH 是由明治大学、青山学院大学、立教大学、中央大学和法政大学这五所知名私立大学的日语罗马开头字母组成的简称。

的人工智能劳动力非常相似。这说明了什么呢?

　　未来也有可能像人工智能乐观主义者所预言的,即使有很多工作被人工智能取代,也会出现人工智能做不了的新工作。但是,就算有了新工作,这些工作也未必属于被人工智能抢走了饭碗的劳动者。因为既然现代劳动力的质量与人工智能相似,就意味着对很多人来说,人工智能做不了的新工作,他们很有可能也无法胜任。

　　其实在卓别林的时代,也曾经出现过类似的情况。工厂利用传送带实现了自动化,另一方面事务性工作的增加形成了"白领"这一新型劳动阶层。然而这两件事之间是有时间差的,在大学教育普及、带来大量白领阶层之前,有很多工厂劳动者失去了工作,一时间到处都是失业者。这也是 20 世纪初世界经济大萧条的间接原因。

　　那个时代确实出现了针对白领的新的劳动需求,那为什么还会有那么多的人失业呢?答案很简单:工厂劳动者没有接受过从事白领工作所需的教育,他们无法进入新的劳动市场。

　　如今,由于人工智能的问世,世界即将面临相同情况。怎样才能避免这种情况?作为一名数学家,我能为此做些什么?我想我能做的,就是如实地告诉大家今后即将出现的情形,而不是宣扬一些根本不可能实现的未来幻想。正是出于这种想法,我才拿起笔来写了这本书。

　　为了从数学常识的角度说明奇点为什么不会到来,本书也会涉及一些略有难度的数学内容，不过我会尽量用简单易懂的语言，以便让尽可能多的读者理解。希望大家能够耐心地把这本书读到最后。

目　录

第 1 章

一流名校金榜题名

——人工智能果然是劲敌

人工智能与奇点

人工智能尚未问世

在开始之前，为了防止我们关于人工智能和奇点的讨论引发困惑，首先我需要澄清以下几点。第一点是人工智能其实在任何地方都还没有问世。人工智能的英语叫作 artificial intelligence，简称 AI。日语里平时常说的人工智能一般是指具有智能的计算机。

既然叫人工智能，那么就算不能与人类完全相同，至少也要具有同等水平的智能。而从本质上看，计算机所做的都是运算，或者更直接地说，都是四则运算。因此人工智能的目标，就是用四则运算来表现人类的智能活动，或者让人们觉得它能表现人类的智能活动。

要实现人工智能，有两种方法论。反过来，也可以说是只有两种方法论。一种是从数学上阐明人类智能的原理，再从工学上再现出来。还有一种方法是不了解人类智能的原理，但通过不断进行工学上的实验，有朝一日发现"咦？不知不觉中就实现了人工智能"。

现在大多数研究人员藏在心底的想法是，第一种方法从原理上来看是无法实现的。因为根本就没有科学观测人类智能的方法。我们的大脑如何运转，它感觉到了什么，它在思考什么，我们自己都看不到。我们读了一段文字就能理解其中的含义，就连这个过程到底是什么样的活动，我们都还完全没有头绪。把传感器接入大脑也无法解答这个问题，传感器只能监测到电子信号或血流等物理现象。何况在现代，动物实验都要受到严格限制，把传感器直接嵌入健康人的大脑就更不可能获得许可了。无法比对测量结果进行验证，即使能提出"会不会是根据这一原理运转的"的假设也于事无补。无法实时观测人类智能活动，我们就连科学阐释人类智能的起跑线都还没有到达。

那么第二种方法呢？认为第二种方法可以实现人工智能的人常用飞机的例子做论据。他们认为，人们并没有从数学上彻底掌握飞机飞行的原理，但现实中飞机早就飞上了天。因此（这个"因此"其实并不符合逻辑），我们一定也可以依靠优先工学的方法实现人工智能。实现人工智能之后，数学家就可以随便花多少时间去探索"大脑为什么会如此运作"了。我不能完全排除这种可能性，但这跟我不能完全排除银河系的某个地方存在一个跟地球一样的星球，那里生存着智能水平远超人类的生物的可能性没有太大区别。

只有一点是我可以断言的：通过大家如今热衷的深度学习等统计方法的延伸或者扩展不可能实现人工智能。详细的原因后文还会详细介绍，这是统计这种数学方法本身的局限决定的。

综上所述，遥远的未来暂时还不清楚，至少在较近的今后，人工智能还不会出现。然而现在，我们随处都能看到"人工智能"这几个字，就连我本人也正在随意地使用这个词。

为什么会这样呢？这是因为我们其实混淆了人工智能与人工智能技术的含义。人工智能技术是指为了实现人工智能而研发的各种技术，包括最近比较热门的语音识别技术、自然语言处理技术和图像处理技术等。大家听说过 Siri 吧？向智能手机提出问题，它就会为我们提供各种信息。Siri 应用的就是语音识别技术和自然语言处理技术。后文还会详细介绍，图像识别技术在最近几年有了长足进步，甚至可以说已经具备了视觉能力。此外，语音合成技术和大家平时上网检索时常用的信息搜索技术、文字识别技术等领域都通过多年研究取得了各种进步，大大地推动了人工智能技术的发展。

如今，我们把上述各种人工智能技术都简单地统称为人工智能。可能大家觉得，虽然还不知道何时才能实现人工智能，但它终归是人工智能技术研发的最终目标，所以普通人严格区分这二者也未必有太大意义，再说每次都要说人工智能技术也很麻烦，所以干脆就把人工智能和人工智能技术混在一起用了。所以准确地说，本书中反复出现的"东大机器人"这种人工智能，其实是一种人工智能技术。

　　可能有读者会奇怪，为什么要在进入正题之前讨论这个并无大碍的问题，这是因为我觉得混淆人工智能和人工智能技术会带来一些危害。智能手机和扫地机器人自不必说，人工智能技术早已成为我们的伙伴，渗透到日常生活的方方面面。我们有时会随意地把这些都叫作人工智能。但把人工智能技术叫作人工智能，可能造成误解，让大家以为其实根本不存在人工智能已经问世或者即将在不远的将来问世。其结果就是导致人们误以为将来所有的工作都会被人工智能取代，并以这种错误观念为前提讨论相关问题。可如果前提都是错的，那又怎么可能得出正确的答案呢。这就是我所说的危害。

　　出于这个原因，本书在接下来会严格区分人工智能与人工智能技术。但每次都写成人工智能技术确实很啰唆，而且也不太符合大家的印象，所以我会按照目前的普遍做法，把人工智能技术写成"人工智能"。然后在需要提及原本意义上的人工智能时，我会写成"真正意义上的人工智能"。

奇点是什么

　　与人工智能相关的概念当中，人们最关心的可能就是奇点（singularity）了。我们经常可以看到有人讨论奇点到底会不会到来。非数学或人工智能专业人员所说的奇点一般表示"'真正意义上的人工智能'超越人类能力时点"。很多人弄不懂这到底是什么意思，因此每当听到人工智能战胜了国际象棋世界冠军，或者专业棋手输给了围棋软件等轰动一时的新闻，都会觉得计算机（人工智能）的能力已经超越了人类，奇点即将到来的观点也因此而每每更令人信服。尤其是 2017 年佐藤天彦名人输给了日本象棋软件 Ponanza，让很多日本人深受打击。这使人们对人工智能产生了不切实际的期待，同时也加剧了人们对奇点到来的担忧。

奇点原本是指非凡、奇妙和特殊等含义，人工智能领域的准确术语应该是 technological singularity，译为"技术奇点"，指"真正意义上的人工智能"能够完全不依赖人类力量，自动创造出比自身能力更高的"真正意义上的人工智能"的那一时点。小于 1 的数字无论相乘多少次，结果都不会大于 1。相乘的次数越接近无数次，乘积反而会越接近 0。但只要比 1 大一点点，哪怕是 1.1、1.01，甚至是 1.001，重复相乘的乘积就会无限变大。如果"真正意义上的人工智能"能够创造出能力稍稍高于自己的"真正意义上的人工智能"，之后便会通过极高速的重复操作创造出拥有无限能力的"真正意义上的人工智能"。因此（这个"因此"也不太符合逻辑），人们便决定把"真正意义上的人工智能"的能力开始迅速提高的时点叫作奇点。有一定数量的人虽然摸不着头脑，但总觉得这种计算机（我写"真正意义上的人工智能"写烦了）当然一定能够超越人类的能力。

作为一名数学家，我可以负责任地告诉大家：奇点不会到来。原因我想放到后文再做解释，本书所说的奇点是指严格意义上的"技术奇点"，而不是人工智能在某些领域的能力超越了人类的情况。

偏差值 57.1

并不是要考东京大学——"东大机器人"的目标

可能有些读者听说过，我从 2011 年开始主持了一个叫作"机器人能考上东京大学吗"的人工智能项目，当时国内尚没有其他大规模的同类尝试。项目计划为期 10 年，如今已经比中间点又过了一段时间。承蒙大家的厚爱，很多媒体用"东大机器人"的昵称报道了这件事，让很多人知道了它的存在。2016 年 2 月，该项目有幸荣获 Netexplo Award 奖。Netexplo 收集和分析全世界的 IT 项目，每年从数千件 IT 领域的项目中评选出 10 个获奖项目。

这件事本身当然值得高兴，但其实也给我们带来了一些麻烦。因为让机器人考上东京大学的挑战被以讹传讹，变成了诸如人工智能已经能考上东京大学或者很有可能达到这一水平等错误信息传递给了大家。

在项目初始时，包括我在内，相关人员中没有一个人认为人工智能能在不远的将来考上东京大学。在过了六年之后的今天，我们的想法仍旧没变。当初也有不少同事就是因为觉得不可能研发出能考上东京大学的人工智能，而不太愿意参加这个项目的。其实我并不是想研发出能考上东大的机器人。我的真正目的是了解人工智能究竟能达到哪个程度，哪些事情是它无论怎样努力也达不到的。弄懂了这一点，当人工智能时代到来时，我们自然就能知道人类要具备哪些能力才能确保自己的饭碗不被夺走了。为此，我想到的办法就是汇集人工智能的各种技术及研究者，一起来验证"机器人能考上东京大学吗"。

我找到希望邀请的研究人员，设法说服他们参加。

"人工智能当然不可能考上东京大学。不过另一方面，日本也有很多大学是只要参加中心考试①就能考上的。东大机器人一定能在三年之内考上某一所大学。它的偏差值每年都会提高，然后有一天，它应该也能考上成绩优秀的高中生都愿意填在第一志愿的那些一流大学。我们可以每年公布研究的进展情况，让更多的人切身体会到什么是人工智能、人工智能可以做到哪些事和做不到哪些事。展示人工智能的真实情况，为各种立场的人提供参考，这样大家才能思考今后如何

---

① 日本的高考分为两次进行。第一次是中心考试，是国立、公立和部分私立大学要求学生必须参加的全国统一考试，在每年一月份举行。参加中心考试以后，考生还需要在二三月期间到自己报考的大学参加各校举办的二次考试，合格之后才能被录取。

与人工智能共存。从这个意义上看，日本非常需要东大机器人项目。"

现在，我写这本书，也正是出于完全相同的理由。

当东大机器人考上一流名校

项目进行了七年，东大机器人果然如我所期待的不断"成长"。它参加的第一次"高考"是 2013 年代代木补习学校举办的"第 1 次全国中心考试模拟考试"，5 个教科 7 个科目满分 900 分，东大机器人考了 387 分，远远低于全国平均的 459.5 分，偏差值为 45。不过在三年之后，东大机器人又参加了"2016 年度进研① 综合学力摸底模拟考试（6 月份）"，这次是 5 个教科 8 个科目 950 分满分，它得了 525 分，高于平均的 437.8 分，偏差值提高到了 57.1。

偏差值 57.1 意味着什么？日本共有 172 所国立和公立大学（根据模拟考试时的大学编号数得知），以东大机器人的分数，有 80% 的概率能考上其中 23 所大学 30 个院系的 53 个专业，这个水平值得我们庆祝。不包括短期大学，日本共有 584 所私立大学，东大机器人有 80% 的概率能考上其中 512 所大学 1343 个院系的 2993 个专业。具体哪个院系的什么专业我不能公开，但其中包括 MARCH（明治大学、青山学院大学、立

① 进研指日本的进研补习班。

教大学、中央大学和法政大学）和"关关同立"（关西大学、关西学院大学、同志社大学和立命馆大学）等首都圈及关西地区竞争十分激烈的私立大学的一些专业，这个成绩足以让我们振臂欢呼。

接下来，为了准备参加二次考试①，东大机器人还在数学和世界史这两门科目参加了主观题模拟考试，即骏台预备学校的"东大入学实战模拟考试"和代代木补习学校的"东大入学预考"，都是全国想考东京大学的最优等考生才会参加的考试。在世界史的"2015—2016 学年第一次东大入学实战模拟考试"中，有一道题是"请针对西欧与亚洲的国家体制变迁写一篇 600 字以内的论文"。满分 21 分，东大机器人得了 9 分，远远超过考生平均的 4.3 分，偏差值高达 61.8，值得我们为它鼓掌。接下来在理科数学的"2016 年度第一次东大入学预考"中，6 道考题中，东大机器人有 4 道得了满分，偏差值为 76.2。这个成绩能进入所有参加者的前 1%，我们必须为东大机器人的杰出表现大声喝彩。

还有一个花絮，从 2016 年秋天开始，东大机器人也拥有了自己的"身体"。虽说只是一只机械臂，但毕竟这样它就能自己拿着铅笔在答题纸上书写答案了。

说是参加考试，但东大机器人其实并不是与普通考生一起

---

① 指考生通过中心考试之后再去所报大学参加该大学自行举办的考试，通过后即可被录取。

坐在考场答题的。因为它没有视觉，所以必须有人把考题进行数字化处理之后输入给它。以前它答题也是只能输出数据，但我们希望能让它自己写出答案，所以请汽车零件综合厂商电装公司专门制作了机械臂。此外，在文字识别技术不断进步的今天，给东大机器人安上照相机，让它自动对考题进行数字化处理，这在技术上也不是很难。不过因为预算有限，我们还是决定优先发展它的脑力。

我介绍东大机器人在模拟考试中取得的好成绩，当然并不是为了炫耀它的进步，我还不至于如此"溺爱自己的孩子"。我只是想说明一个事实：人工智能能考上 MARCH 和关关同立等大学。请大家想一想，这意味着什么？东大机器人只是在尝试考大学，准确地说只是解答了模拟考试的考题，但谷歌和雅虎等各全球化企业和诸多研究人员争相开发的人工智能技术正在迅速渗透到我们的日常生活当中。有的企业已经用人工智能代替了人类的一些工作，这种趋势今后还会进一步发展。也就是说，今后人工智能很有可能作为劳动力成为我们的竞争对手。如果这个对手能考上前面提到的名牌私立大学又会怎么样？那时，我们的社会将会如何变化呢？

这是本书一个重要课题，不过在这之前，我想结合人工智能的发展史和最新技术，介绍一下东大机器人或者说人工智能为什么能考上 MARCH。

人工智能进化史

一次传奇聚会

人工智能这个词第一次出现是在 1956 年。在美国东部一个名为达特茅斯的小镇的一次聚会上，与会者用人工智能来表示能像人类一样思考的人工产物。在人工智能领域研究者之间，这次聚会已经成了一个传奇。

这次会上诞生了世界上最初的人工智能程序"逻辑理论家"，它的演示给人们带来了极大震撼。逻辑理论家是一个自动证明数学原理的程序。说起来，它就相当于东大机器人解答数学题的祖先。在当时那个时代，计算机的体型还非常庞大。随着硬件的进步，其计算速度会不断提升，由此带来的卓越计算能力总有一天会超越人类，人们为这个想法而群情激昂。这次聚会引发了后续各种充满野心的研究。这就是第一次人工智能研究热潮，从 20 世纪 50 年代后期一直持续到了20 世纪 60 年代。

这一时期，大多数研究者都在研究如何通过推理和搜索来解决问题。他们痴迷于解决复杂的迷宫和各种智力。这就是人工智能中被称作"规划"的分支的原型，这条路线上后来发展出了因击败国际象棋世界冠军而震惊世界的超级电脑深蓝。不过推理和搜索终究只能解决迷宫和智力，而无法用于那些包含迷宫和智力所无法比拟的复杂现象的现实问题，如诊断疾病并提示治疗方法，或者分析经济及社会形势并提出热销产品的开发方案等。

在国际象棋或日本象棋等规则明确的游戏中，推理和搜索能够借助其超乎寻常的计算能力发挥作用，但在无法简单地限定条件的现实问题面前，只靠推理和搜索则明显力不从心。这种情况被称为"框架问题"，是如今仍在阻碍人工智能发展的课题之一。这个难题使人们对人工智能的过度期待急剧萎缩，相关研究也不再受到社会的关注。

在这一时期，已经有人开始研究对话系统。在1964年问世的人机对话系统"ELIZA"中输入"我头疼"，计算机就会反过来询问"你为什么会头疼"，虽然当时只能实现极为简单的对话往来，但对话系统这一构想却成为雏形，衍生出LINE和推特上的BOT等进一步发展。

专家系统

20世纪80年代，人工智能研究进入了一个新的时代，这就是第二次人工智能热潮。在这一时期，让计算机学习专业知识并解决问题的思路获得了长足进展。人们开始研发专门用于某一类问题的人工智能，而不是任何问题都能解决的万能型人工智能。这一时期出现了很多被称为专家系统的实用型系统，例如让计算机学习法律知识，在事先给定的规则下进行推理和搜索，像律师等相关领域的专家一样运行。

不过专家系统很快就遇到了障碍。我们稍微考虑一下就能发现，法律专家并不是只凭借法律条文和过去的判例来工作的。在提供法律咨询或在法庭展开辩论时，他们需要依据法律以外的社会规范和常识以及人类情感等因素做出综合判断，才能得出最妥善的解决方案。对专家系统来说，常识或人类情感方面的知识都是难题。人们可以不断输入法律条文和过去的判例，却无法让计算机学会常识和人们在各种情况下的情感等。

还有一个例子。对于用于医疗诊断的专家系统来说，模棱两可或无法数值化的表达方式都是难题。例如患者的主诉是"肚子刺痛"，但把这句话输入系统，系统却无法理解。肚子是指胃，还是指大肠或小肠，又或者是指腹部附近的其他器官，系统无法应对这些没有明确定义的内容。此外疼痛也是一个难题，因为疼痛是无法客观衡量并实现数值化的。

除此之外，专家系统还有许多课题亟待解决。前文提到的很多常识都是没有形成文字的知识，这也是课题之一。没有专门著作系统论述过的知识必须通过咨询专家等方式形成体系，用语言表达出来，才能让计算机学习，这需要耗费庞大的人力物力。此外，即使不惜成本投入巨大的时间和资金，也有可能再次遇到常识或模糊的表达方式的阻碍，未必能研发出真正实用的系统。此外还有其他各种难以攻克的课题横在面前，人们很快便对专家系统的研发也失去了热情。就这样，在发现解决问题所需的知识难以全部表述出来之后，原想通过将知识逐一输入计算机来解决问题的 20 世纪 80 年代第二次人工智能热潮也逐渐沉寂下来。

接下来，第三次人工智能热潮就发生在我们生活的当今时代。搜索引擎在 20 世纪 90 年代后期问世之后，互联网得到了爆炸式发展和普及。进入 21 世纪以后，互联网领域不断深入和扩大，大量数据在网上急剧增加。于是，人们又开始关注 20 世纪出现的"机器学习"的想法，可以说这个导火索引燃了 21 世纪前十年中期以来的第三次人工智能热潮。后来，机器学习中深度学习这一分支又进一步助长了此次热潮。

机器学习

前两次人工智能热潮都认为我们是依据逻辑进行"思考"的，认为"如果在 A 的情况下 B 为真，在 B 的情况下 C 为真，那么在 A 的情况下 C 为真"这种三段论法的积累才是思考的基础。但仅凭这些，我们无法解释为什么人能区分出狗和猫，以及为什么人在看到草莓时就知道它是草莓。狗绝不可能懂得三段论法，但狗也能区分出狗和猫的不同，所以不能说人类所有判断都是以逻辑为基础的。

　　词典乃至逻辑对于人们知道草莓是"草莓"并不会发挥很大作用。无论把"草莓"这个条目读上多少遍，都解决不了这个问题。人们必须实际看到草莓，并且有人告诉他"这是草莓"才行。机器学习就是让人工智能实现同样的过程。

　　正如前文介绍的，人工智能只能在特定课题的框架之内运行，所以首先必须设定一个明确的课题。例如我们假设现在的目标是物体识别，让人工智能"看到"照片之后，以较高精度判断出照片上的物体是什么。也就是说，被出示草莓的照片时，人工智能必须能回答出"照片上的是草莓"。

　　草莓有一些明显的特征，例如形状接近圆锥形，红色，表面带有细小的凹凸，在光照下能看到光泽等。不过仔细观察可以发现，草莓并不都是圆锥形的，不太成熟的草莓颜色也会淡得多。对这些细节，人们能够根据各种经验做出综合判断，极为灵活地识别出对象到底是不是草莓。没有一个孩子必须看过 100 万个草莓才能认出草莓，他们只要看过十来个就够了。但人工智能却很难学会这种灵活性。

　　要让没有灵活性的机器具备与人类相当的物体识别能力，就必须有大数据。大数据到底要多"大"，既不是几百也不是几千。不同的课题会有所不同，不过要实现可以实际应用的精度，最少也需要几万，有时甚至需要数以亿计的数据。正因为这个原因，机器学习的实用化必须等到我们这个能以极低成本获得无限数据的时代才有可能实现。此外，并不是只要收集到足够的数据，人工智能就能输出答案。

首先需要收集大量各种各样的图像。其中必须包含大量草莓的图像，否则就无法对所有图像中的草莓进行统计，这一点非常重要。因为除了整体数据，还需要对象物体的大量样本，只有这样才能顺利进行统计。

接下来，还要教人工智能认识草莓。为此需要制作草莓的数据，这叫作训练数据。训练数据会对含有草莓的图像做出标注。大多数情况下，图像中会包含各种物体，所以还要标注在图像的哪个部分的是什么。一般来说，训练数据要由人来制作。因此，制作大量训练数据需要耗费庞大的人力和资金。为了达到一定精度，需要数以万计的数据。在普通图像识别领域，斯坦福大学的研究团队整理了一个名为 ImageNet 的数据集。全世界的研究者可以利用这个数据集来挑战更高的精度。至此，机器学习的准备工作终于完成了。

在数字世界中，图像中"在什么位置、有什么颜色、辉度是多少"都是用"0"和"1"来表示的。"0"和"1"组成的庞大数列叫作像素值矩阵。人工智能需要根据其上下左右关系来掌握图像中包含哪些要素。种子与果肉的颜色和辉度对比、种子的阴影等，这些特征都必须尽可能识别出来，并根据包含草莓的数据和不包含草莓的数据，将这些特征对于判断对象是否是草莓的重要程度用数值体现出来。每一种特征都要被赋予"权重"。例如果肉的红色与绿色果蒂之间的对比度的权重是 0.7，种子与果肉的对比度为 0.5 等。这个不断调整权重的过程叫作"学习"。

在机器学习的过程中，计算机通过反复学习给定的数据，自动识别出数据中的模式、经验及其重要程度。尤其需要注意的一个关键是，图像可以表示为构成画面的各特征量之间较为简单的加总。特征量的总和越大，这张图像就越像草莓，只要超过某个标准，就可以将其判断为草莓。

因此，如何设计特征量非常重要。如果特征量能更好地反映现实世界，机器学习的判断精度就会提高，否则增加再多的数据也无法提高精度。到几年前为止，主流的方法一直是由人类预先设计特征量。这是十分考验手艺的工作，程序员需要花费几年的时间来设计特征量，然后为了提高 1% 的精度，还要再花上一年的时间来调整设计。过于依赖直觉，人们有时就会受到盲信的误导，有时也会出现意想不到的纰漏。

深度学习

深度学习极大地提高了这种由资深程序专家设计特征量的机器学习的效率。深度学习让机器（人工智能）自己去研究应该关注哪些特征，类似于一种全凭机器算力的力气活儿。深度学习不再依靠简单的加总，而是将多个特征量组合起来表示"弧度"或"放射状"等略为抽象的概念，分几个阶段来判断其在图像中的存在方式。这样一来，原本需要依靠直觉的特征量设计就可以自动实现最优化了。实际上，深度学习已经通过这种方式在很短时间内实现了物体识别精度的飞跃性提升。

要解析数量庞大的数据，就无法处理过于复杂的运算。对于擅长加法的计算机来说，图像所有部分加起来就是整体这一特征十分有利。而语言表达就不会这么简单。例如"太郎喜欢花子"和"花子喜欢太郎"这两句话的组成部分完全一致，但意思却截然不同。

图像还有其他一些特殊性质。例如图像中处于任何位置的草莓都是草莓，不会出现类似"位于图像中央时是草莓，位于右上角时则是香蕉"的情况。无论旋转，还是扩大或缩小，草莓就是草莓，即使分辨率降低了，草莓也还是草莓。可能有的读者会觉得我何必强调这些理所当然的事情，但这一点非常重要。制作训练数据集通常需要庞大成本，但对图像可以把同一张训练数据旋转、扩大或缩小，用这种方法就能迅速增加大量数据。内行人把这种做法叫作"掺水"。

很多人误以为深度学习就是只要提供大量数据，人工智能就能自动学习，输出连人类也未曾掌握的真正答案，但其实并没有这么先进。深度学习是指在一定框架之内提供足够的训练数据，人工智能便会根据数据对过去由人类手工从事的尝试和摸索等加以调整，从而以较低的成本达到与传统机器学习相当或者更高的精度。读到这里，相信大家多少能明白近乎幻想的误解有多大危害了吧。

强化学习

前文提到在机器学习的过程中，制作训练数据比设计特征量还要费时费力，不过也有一些课题可以不用训练数据，完全交给机器运行。强化学习就是其中最典型的一种。有些读者可能看过一个演示视频，几辆机器人车辆经过几天的学习，便可以在舞台的轨道上随意开动而不会彼此撞到一起。我们还听说日本象棋或者围棋计算机相互对弈仅需几秒，它们能通过多次进行数量庞大的对局自动切磋从而提高实力。这些事例甚至会让我们觉得，在不久的将来可能就不再需要人类制作的训练数据了。

有些目的、目标以及制约条件能明确表述出来的课题确实可以通过强化学习实现最优化。例如我们可以给汽车设定尽快到达目的地的目标和不能撞到障碍物的制约条件，让它自己去试错。机器人车辆最初会互相碰撞，或在中途停下，但一段时间之后便能在维持良好秩序的同时顺畅行驶了。此外，大型工厂的能源效率最优化等课题也很适合强化学习。不过也有一些情况看似适合强化学习，但实际却并非如此。例如在大规模灾害现场救助被困人员等任务，就不能只是"在尽量尝试所有可能性的过程中找到适当方法"。因为"所有可能性"太多了，至少要在"物体会向下坠落"等物理法则的基础上去探索才能解决问题。

经常有人问我"会不会有一天，人们再也不用从事提供训练数据和设定目的及制约条件等作业了"。我认为这些工作可能变得更省力，但不会完全消失。因为人工智能和机器人必须为人类社会贡献力量，而只有人类才知道怎样才算是贡献力量，必须通过某种方式把正确答案告诉人工智能。

我还经常看到一些观点，误以为"深度学习就是模仿大脑，因此能像人脑一样判断"。其实不对，深度学习并不是模仿大脑，而是模仿大脑构建出数理模型。无论猴子还是老鼠都有大脑，但谁也不能确定老鼠能区分出自行车和电动车或者癌细胞与正常细胞的不同。

最近，还有个别社会学家说"让人工智能从政说不定会更好"，不知道是不是因为他对现实的政治过于绝望造成的。想让人工智能管好政治，至少必须通过数理模型说明什么是好的。能源消耗量等能够数值化的问题可以优化，但管好政治是无法数值化的，因为人们的幸福无法用数值来衡量。作为数学家，这一点我可以肯定地告诉大家：现代数学无法用数值衡量幸福。无视这个科学事实，把什么都交给人工智能来判断的话，恐怕只会造成超乎人们想象的史无前例的恐怖政治局势。

至此为止，我简要回顾了人工智能的发展史，也消除了很多人对人工智能的误解。接下来，我会详细介绍"机器人能考上大学吗"这个挑战展现的人工智能最前沿情况，也就是在较近的将来，人工智能拥有的可能和局限。

惊人的 YOLO——最前沿图像识别技术

东大机器人亮相 TED

舞台上，一位留着漂亮的络腮胡子、身穿黑色 T 恤和牛仔裤、剃着光头的年轻人动作敏捷地走来走去。他不断做出各种动作，忽而抬起两臂，忽而又蹲下抱住膝盖，随即又站起身来。大屏幕上实时显示出他的各种动作，画面上的年轻人处于一个红框之内，边框随着他的动作变得忽左忽右、忽大忽小。这是 TED 演讲上的一幕。

2017 年 4 月，我站在舞台的一侧看到这一切，不禁脱口而出："这不可能！"

TED 大会以"传播一切值得传播的创意"为宗旨，每年都会在温哥华召开。过去受邀来此的演讲者中不乏赫赫有名的人物，如谷歌创始人拉里·佩奇和谢尔盖·布林、诺贝尔奖得主詹姆斯·沃森、比尔·克林顿等。TED 官网上公开的演讲视频播放数从几百万到上千万不等，志愿者会将演讲内容译成各种语言的字幕。若想在为期五天的大会现场听到最前沿、最高水平的演讲，TED 门票最低价格也要 150 万日元，而且每年都是在开始销售的瞬间就被一抢而光。在会场上，你能看到穿着随意的史蒂芬·斯皮尔伯格和比尔·盖茨等人谈笑风生。

2017 年 TED 大会的主题是"未来的你"（The Future You），第二天上午的讨论焦点是人工技能和机器人技术。我有幸作为演讲者之一受邀来到会场，加州大学伯克利分校的斯图尔特·拉塞尔教授和波士顿动力公司的马克·雷伯特等人也参加了这次会议。

我演讲的题目是"机器人能考上大学吗？"（Can a robot pass a university entrance exam），介绍了东大机器人的挑战，也就是简明扼要地介绍了本书的内容。

> 请结合东亚及东南亚各国的贸易方针和欧洲各势力在该地区的动向，围绕 17 世纪东亚和东南亚地区海上贸易从繁荣到衰落的变化过程及其主要原因，写一篇 600 字左右的论文。

这道世界史论述题体现了东京大学二次考试的难度。东大机器人在答题纸上作答的样子、它出人意料的运行原理以及

教育大国日本的初中生及高中生阅读理解能力的真实情况引
发了观众的阵阵惊叹。

"你的演讲很成功，太棒了！"负责策划的亚历克斯给了
我一个大大的拥抱，我用干姜水润了润嗓子，在舞台旁边的
等候区把目光投向显示屏。显示屏上，满脸络腮胡子的年轻
人正在舞台上来回走动。

实时物体识别系统

在我之后登上演讲台的年轻人叫约瑟夫·雷德蒙，他是华
盛顿大学的研究生。他演讲的题目是"计算机如何快速识别
物体"（How computers learn to recognize objects instantly），介
绍了他发明的 YOLO（You Only Look Once）。让我惊呼"不可
能"的正是这项技术。

正像前面提到的，人工智能包含多个不同领域。例如尝
试让机器"理解"语言（自然语言）的自然语言处理技术、
让机器听到声音的声音处理技术、合成出人类声音的语音合
成技术和让机器"理解"照片或视频等图像信息的图像处理
技术等。其中尤其是图像处理技术从深度学习的发展中受益
最多。

20 世纪 90 年代，就连分辨猫和狗这种最基本的物体识别
也被认为是永远不可能实现的，至于找到什么东西、在哪里、

有几个等信息的物体检测就更是痴人说梦了。随着 21 世纪前十年期间机器学习乃至近几年深度学习的发展，物体检测的精度得到了难以置信的迅速提高。不过尽管如此，要在看到的瞬间立刻判断出视野中有何种物体出现在哪个位置、正在向哪个方向移动，即实时、准确地识别物体仍然困难重重。因为要判断一幅图像中包含什么物体需要很长的处理时间。笔记本电脑处理一幅图像需要 10 秒以上，这个速度只能勉强跟得上人在研究室里的缓慢移动。

实时物体识别技术对自动驾驶的实用化来说必不可少，突然闯到道路中间的是塑料袋、猫还是小孩，要 10 秒钟才能判断出来的话恐怕什么都晚了。

雷德蒙开发的 YOLO 系统只要 0.02 秒就能识别一幅图像，比之前快了将近 500 倍。这样一来，自动驾驶就又朝着实用化迈出了一大步。现场的很多观众应该也是同样的感受，他们的大声喝彩，淹没了我的惊叹。

那么，这种惊人的高速处理是如何实现的呢？

物体识别系统的工作原理

在揭开 YOLO 高速处理图像的秘密之前，我想再对物体检测系统做一些说明。

一般来说，每张照片都会包含多个物体。例如一张生日聚会的照片上，可能有围在桌边的人们、摆在桌上的蛋糕和蜡烛、盘子、叉子和咖啡杯等。此外，照片上还可能会有鲜花，背景中也可能会看到茶几和电话、沙发上的宠物猫，甚至还有墙上的挂历。我们在看到照片的一瞬间，马上就能判断出谁是主角，哪些要素是重要的，哪些无关紧要。

但计算机做不到这一点。首先，计算机必须找到图像的哪个位置包含需要检测的物体。过去的图像识别技术从图像左上角开始，缓缓移动边框，把整个画面毫无遗漏地都检查一遍。这个过程长得让人想放弃。

后来，有人想出了首先从可能包含检测对象的区域着手的方法。例如墙面没有什么变化的地方都可以略过，只看挂历附近，再把沙发上面都忽略，只看猫的附近等。假设一幅图像上最多只有 2000 来个物体，就可以首先选出可能包含检测对象的区域作为候补，接下来再去识别具体是什么物体。

不过假设一张图像上有 2000 个物体，这种方法检测物体的计算量仍旧多得超乎想象，非常耗时。这与只要看到图像就能在瞬间读取各种信息的人类认知方式截然不同。

计算机要识别图像，必须对矩阵进行运算，就是我们在高中学过的矩阵。例如下面的运算：

$$\begin{pmatrix} 2 & 1 \\ 1 & 3 \end{pmatrix} \begin{pmatrix} 1 \\ 2 \end{pmatrix} = \begin{pmatrix} 2\times1+1\times2 \\ 1\times1+3\times2 \end{pmatrix}$$
$$= \begin{pmatrix} 4 \\ 7 \end{pmatrix}$$

如果矩阵的行和列都很少，运算可以很快完成。但如果矩阵非常大，运算量也会变得十分庞大。就算使用超级计算机，或者到了量子计算机时代，计算机基本上也只能进行四则运算。图像的哪个像素中哪种颜色的辉度是多少等信息，以及通过深度学习计算"草莓相似度""蜡烛相似度"等所需的权重信息等都包含在矩阵中。

要实时检测物体，或者说要缩短计算时间，只能大幅缩小矩阵大小，或者提高加法和乘法的运算效率。当然，一直有人在研究如何同时实现这两个目标。例如在不丢失信息的情况下，将较大矩阵转换为较小矩阵的数学方法已经成为炙手可热的研究领域，但这种方法的效果也是有限的。

为了提高运算效率，研究者们开始关注如何充分发挥GPU（图形处理器）的作用。普通的计算机都是通用的，可以用于任何运算。限定用途则可以提高芯片的效率。游戏机就是一个典型实例。游戏机离不开实时图像处理，因此会使用结构不同于通用电脑 CPU 的 GPU 来专门处理图像。研究者们将 GPU 用于深度学习和实时图像处理，以便提高运算效率。深度学习对物体检测的需求使 GPU 厂商的股价在 2016 年以后呈现出直线上升的态势。

不过，YOLO 系统好像并不是依靠上述方法实现的。我一边看着雷德蒙的演示一边想，GPU 厂商的前景今后可能就完全不同了。

人工智能长眼睛了吗

过去的人工智能要对可能包含物体的区域进行 2000 次识别才能检测出 2000 个物体，而 YOLO 实现高速化的关键是它只需要识别一次。这个系统叫作 YOLO（You Only Look Once），就是只需要看一次的含义。从这个意义来看，可以说 YOLO 系统距离人类或其他动物用眼睛"看"的行为又近了一步。

现在，雷德蒙的网站上有免费公布的第 2 版 YOLO，还可以看到演示视频。这个视频更加令人惊叹。画面从中东某个国家的市场开始，接下来是混入人群中逃窜的恐怖分子和握着手枪在后面追赶的主角，两辆摩托车朝着各个方向疾速行驶。令人眼花缭乱的背景不断变换，YOLO 则接连不断地从中识别出各种目标：人、人、人、人、手机、领带、汽车、摩托车、摩托车、人、人、领带……

参加 TED 演讲的三个月后，雷德蒙在由亚马逊、谷歌、微软、优步等顶级 IT 企业赞助、代表图像识别领域最高水平的国际会议 CVPR 上获得了优秀论文奖。如今，在所有 IT 企业之间，无疑正在展开一场争夺雷德蒙的激烈竞争。

沃森大显身手

打败答题王

在我们开始东大机器人项目的 2011 年，美国 IBM 公司开发出了名为沃森（Watson）的人工智能。之后，沃森参加美国热门综艺节目《危险边缘》（*Jeopardy*）、连续打败两位冠军的新闻引起了人们的关注。后来，瑞穗银行的呼叫中心和东京大学医科研究所引进了沃森系统。东京大学引进的沃森因为能帮助医生诊断出极为罕见的白血病而大显神通，在日本也成了新闻。那么，它的工作原理是怎样的呢？

Mozart's last & perhaps most powerful symphony shares its name with this planet.

（莫扎特的最后一部，也是最有影响的一部交响曲以某个行星的名字命名。）

这是一个典型的《危险边缘》式问题。《危险边缘》的问题都有一个特点，即在问题的最后，用"这个ＸＸ是什么"（This ＸＸ）的形式来提问。例如所有问题最后都是以"this planet（这个行星）""this country（这个国家）""this musician（这位音乐家）"等形式提出的。《危险边缘》中不会出现 HOW（如何）或者 WHY（为什么）类型的问题。那么这种"This ＸＸ"

形式的问题的答案是什么呢？只能是专用名词或者带有量词的数字，例如某某年、多少万人等数字。这种问题叫作事实性问题（factoid），过去就有针对事实性问题的解题方法。

"事实性问题的解法可以用来解答《危险边缘》的问题。如果让人工智能去答题，一定能带来很好的宣传效果！"

IBM 的项目经理注意到了这一点，这十分了不起。而且，更了不起的是，他还从网上收集了《危险边缘》答题所需的数据，组成能实际运作的系统，构建起能在 2 秒钟之内答出最有把握的答案所需的并行计算机，然后又确实打败了之前的冠军。

我们回过头来看莫扎特的这道题。"与莫扎特最后一部交响曲同名的行星是什么？"您知道答案吗？如果不知道，您会怎么做？当然，您会用谷歌搜索正确答案。

在搜索时，首先需要决定关键词。不太习惯在网络上搜索信息的人可能比较容易用"莫扎特"搜索。这样的话，维基百科的"沃尔夫冈·阿玛多伊斯·莫扎特"条目会出现在所有结果的最上方。点开链接，可以看到莫扎特的身世背景、在宫廷的活动、关于他的晚年和死因的各种猜测、作品风格的转变以及人物形象等超过一万字的信息。从这里恐怕不太容易找到问题的答案。

经常使用网络搜索工具的人效率可能会更高一些。他们会多输几个关键词，例如"莫扎特　最后　交响曲"，这样显示在所有结果最前面的是维基百科的"第41号交响曲（莫扎特）"。这就是莫扎特最后一部交响曲，点开链接可以看到概要部分的第一行写道"该作品又名'朱庇特交响曲'，是莫扎特创作的最后一部交响曲"。任务完成！答案就是"朱庇特"。

假设沃森也要通过搜索的办法来寻到答案，那么最重要的一点就是，必须让沃森像经常使用网络搜索的人一样选择适当的关键词。然后沃森就能从问题中选出"莫扎特""最后""交响曲"这三个关键词，轻松地找到维基百科"第41号交响曲（莫扎特）"的页面。对人类来说，找到这一页就等于找到了答案，不过人工智能还有一项工作，因为它是读不懂文章的。

那么沃森是如何做到这一点的呢？它首先会在维基百科"第41号交响曲（莫扎特）"的页面中找出包含三个关键词最多的句子。因为答案往往就在这个句子当中。多个词语在文本中同时出现的现象叫作"同现"。沃森需要根据同现关系找出可能包含答案的句子，再从中寻找属于"行星"类别的词语。请大家一定用英语版的谷歌搜索网站尝试一下。符合上述条件的只有"朱庇特"。因此沃森就可以确定应该输出的答案是"朱庇特"了。这就是沃森的工作原理。

被引进呼叫中心

银行呼叫中心引进的沃森系统也是通过同样的原理运作

的。呼叫中心的业务主要可以分成两类，即准确回答顾客的咨询和正确地记录工作人员与顾客的通话过程。沃森的任务就是提高这些工作的效率。

要提高第二类业务的效率，语音识别人工智能技术可以发挥重要作用，把顾客与接线员之间的对话用文本正确地记录下来。大数据和深度学习提高了语音识别的精度，不过提供训练数据的合作者往往以讲普通话的 20~49 岁人群居多。因此，人工智能对老年人的声音或方言的识别率会大大降低。其实我的嗓音就有些偏高，貌似属于"离群值"，识别率也不高。

打电话到呼叫中心的顾客并不一定都讲普通话，老年人也不在少数。因此，呼叫中心的接线员要先把顾客咨询的内容重复一遍，这样做不仅可以提高语音识别的精度，还能每天都不断增加训练数据。

呼叫中心的职责并不是解决问题，工作人员只需按照事先准备好的 FAQ（常见的问题及其对应的解答）进行回答，遇到复杂的问题就转交给相应的负责部门。沃森的职责是告诉接线员，顾客咨询的问题在 FAQ 的哪个部分，它最擅长的搜索功能可以发挥重要作用。

沃森系统的画面上应该能实时显示经过语音识别功能处理成文字的顾客与接线员的对话，还会几乎在同时按顺序显示出 FAQ 列表。这与准确答题的原理是一样的。目前的技术还无法锁定与顾客咨询相对应的唯一回答,不过它可以随时输入正在进行的对话,按照最接近正确回答顺序将 FAQ 依次显示出来。

接线员可以从屏幕上显示的列表中选择最接近的 FAQ 来解答顾客的咨询。如果不对,他会继续尝试选择其他 FAQ。接下来,在沃森提供的备选 FAQ 就是正确答案时,接线员要点击"正确"按键。通过不断积累信息,沃森便能自动学习,从而变得越来越聪明能干。这应该就是沃森的工作原理。

我在前面的说明中连续用了"应该是""应该能",这是因为我并没有实际看过引进了沃森系统的工作现场。不过从人工智能目前的能力来看,我想不出还能有其他的用户界面。我曾经向某家引进了沃森系统的银行的一位工作人员求证,他告诉我"确实就是这样,你说的一点不错"。

计算机全靠数学运行,人工智能只是软件,所以也全是由数学组成的。只要了解数学原理,即使没有见到实物,我也能在一定程度上想象出人工智能能做到什么和做不到什么。

东大机器人的战略

汇集 100 名研究者之力

就在沃森在《危险边缘》击败冠军的新闻吸引了世间关注

的同一时期，东大机器人项目的自然语言处理团队在社会科目中选择世界史和日本史，以在中心考试中实现 70% 的正确率为目标开始着手研究。这是一项艰巨的挑战，因为一般人可能不太知道，在 2011 年 2 月这一时点，沃森在《危险边缘》的答题正确率是不到 70% 的。

据说投入沃森的预算是 10 亿美元。时至今日，我终于可以告诉大家，东大机器人每年的预算约为 3000 万日元，大概只有沃森的 1/3500。《纽约时报》报道了日本开始一项挑战大学入学考试的人工智能项目，文章中写道沃森研发团队对此发表了优越感十足的评论，他们表示"（这个项目）可以说极具挑战性（＝估计够呛吧）"。

包括研究生在内，共有超过 100 名研究者加入了东大机器人项目团队。有一半参加者来自大学，另一半则来自企业。只是制作数据、每年参加中心模拟考试挑战的运作以及聘用几位研究者，就已经用光了预算。也就是说，超过 100 位研究人员中，大部分是以志愿者的身份义务参加的。但自从东大机器人 2013 年开始挑战中心模拟考试以来，黄金时段的新闻节目及各大主要报纸都报道了有关情况。东大机器人项目每年的广告换算效应超过 5 亿日元，逐渐成长为日本第三次人工智能热潮的代表项目。

我们请各位研究人员选择希望挑战的科目。每位研究人员都有自己的观点和意愿，如"这个课题可以如此解决"等。

我们请大家在全体会议上公开演讲，各个科目分别选出领导者，在研发过程中充分尊重研究人员的自主性，最后的结果是东大机器人对世界史、英语和数学等科目的语音处理都分别采用了完全不同的方法。

攻克世界史

东大机器人攻克世界史和日本史中心考试的方法基本上与沃森相同。不过沃森解答的是专用名词的填空题，但中心考试的试题中只有不到一成的填空题。我们分析发现，世界史和日本史有将近七成试题都可以分类为"判断对错题"。例如下面这道试题：

关于在加洛林王朝建立法兰克王国的 8 世纪期间发生的事件，请从以下说法中选择正确的一项。
①丕平灭掉了伦巴德王国。
②卡尔大帝击退了匈牙利人。
③唐太宗的统治被称为开元之治。
④哈伦·拉希德的统治始于这一时期。

我们发现判断对错题在很多情况下可以忽略提问中的条件，即相当于上面这道题中"在加洛林王朝建立法兰克王国的 8 世纪期间发生的事件"的部分。也就是说，这类试题可以只看选项，判断选项的对错就可以了。东大机器人采用与沃森相同的方法来回答这类问题，在 2013 年只答对了一半，而且正确率很不稳定。于是我们在 2015 年改为采用让东大机器人根据选项自动改编问题的方式来答题，负责这一部分的是日本 UNISYS 公司综合技术研究所团队。例如选项② "卡尔大帝击退了匈牙利人"可以改编为"卡尔大帝击退了××，××是什么"式的问题。在这个过程中，用"匈牙利人是一个民族""丕平是一个人物""已经死亡的人无法参与其死后发生的事件"等对人类来说再明显不过的常识构建起来的"本体"（ontology）发挥了重要作用。本体是指为了便于计算机理解而添加的名称和分类。通过构建本体，"卡尔大帝击退了××"这道题就可以转换成类似"卡尔大帝击退了'这个民族'"的《危险边缘》式事实性问题了。本体必须由人来构建，而且必须在理解现实世界与计算机处理过程的不同的基础上构建，既不能遗漏，还要高效完成。语言学家川添爱女士承担了这项艰巨的工作。

接下来，东大机器人才终于可以通过类似沃森的系统将有可能成为答案的专有名词排序罗列出来。其中分数最高的是"阿瓦尔人"3.2 分，而"匈牙利人"只有 1.1 分，两者相差 2.1 分。如果分数差距足够大，东大机器人就会判定"卡尔大帝击退了匈牙利人"是错的。至于如何设定"足够大"的差值，当然是要根据以往试题进行机器学习。改变了方针之后，东大机器人 2015 年的世界史考试的回答正确率一下子提高到了 75%，偏差值也增加了 10 以上，达到了 66.5。

用逻辑攻克数学

东大机器人取得了优异成绩的另外一个科目是数学。数学采取了与世界史截然相反的攻略方法。正如前文介绍的，在"人工智能"诞生的达特茅斯会议上，令人们惊叹不已的最早的人工智能就是证明数学定理的软件"逻辑理论家"。不过后来一直没有出现能在本质上超越"逻辑理论家"的自动证明机器。人工智能就连下面这样的中考试题都答不出来。

> 一列长 230 米的火车以每秒 15 米的速度沿上行方向行驶，另一列长 250 米的火车以每秒 17 米的速度沿下行方向行驶。两列火车从彼此相遇到完全错开需要几秒？

一般人都会知道"上行方向"和"下行方向"是相反的，"两列火车"是指分别沿上行方向和下行方向行驶的这两列火车，"相遇"是指两列火车的最前端同时到达某一地点。在解答数学题之前，答题人必须至少理解这些信息。

采用沃森的方式答这道题的话，必须以"长 230 米、每秒 15 米、长 250 米、每秒 17 米，多少秒？"的形式来解答。如今，在语言处理领域的顶级国际会议上，最热门的研究课题就是能否通过收集大量习题，用深度学习以这种形式从统计的角度来解题。这种方法对简单的练习题也许能奏效，但绝对解答不了日本的中考试题，更别说考东京大学了。

2011 年数学团队组建之初，大家围绕数学攻略出现了意见分歧。一种意见认为应该将试题分类为不同模式，然后像沃森一样靠搜索答题。我们分析了中心考试的试题，觉得这种方法或许可以用来解答数列问题，但其他试题恐怕不行。

在数学的各领域当中，我最初研究的是数学基础论。"逻辑理论家"就是通过将数学基础论的理论成果做成软件来实现的。我越来越希望能通过逻辑而不是搜索来解题。不过我也很清楚，这项工作极为艰巨。因为"逻辑理论家"问世以后，很多著名人工智能研究者、全球主要人工智能研究据点都曾反复挑战这项工作却都遭到了失败。

正在这个关头，救世主出面了。首先是富士通研究所的两位代数处理专家穴井宏和先生和岩根秀直先生，后来还有自然语言处理专家松崎拓也先生。

数学中的"计算"包括用数字进行计算（例如 $1 \div 3 = 0.3333\cdots\cdots$）和直接用代数式进行计算（例如 $1 \div 3 = 1/3$）两种情况。前者叫作数值计算，后者叫作代数处理。数值计算的优点是速度快，缺点是会产生误差，而且也很难发现程序中的错误。相比之下，代数处理可以像人做数学运算一样进行处理，但缺点是算法占用容量非常大，很难在产业中得到应用。不过，随着计算机性能的提高和代数处理专家的不懈努力，21世纪前十年终于开始有一些能够运行得还不错的算法问世。这一时期正好与东大机器人项目的启动重合，所以在代数处理方面享有盛名的富士通研究所的两位专家便提出了与我们合作。

其实，在开始东大机器人项目之前，我就从数学基础论领域的前辈、东京理科大学的佐藤洋祐先生那里得知，"只要找出固定模式，东京大学的几乎所有升学试题都可以通过代数处理来解答。"但他又说，"不过自动'构建出固定模式'恐怕很难。"

人工智能要将自然语言写成的题目自动转变成代数式，只能采用直译的方法，而且必须是准确的直译。全世界有数以万计的人工智能研究者，但我们却迟迟找不到能做到这一点的人。大家都认为这个课题实在太难了，而且目前全世界都处于机器学习一边倒的情况。我们面临的问题是，到底有没有人能制作出卓越的逻辑机器翻译机，将数学题准确地转换成代数式。

基于逻辑的软件是由多个软件零件组合成的。以前文的火车相错那道题为例，首先需要制作语言词典，划分出单词，分析句子结构，弄清楚"彼此"是指什么……必须先制作出这些零件，再把它们组合起来。即使每个部分的精度能达到

90%，如果需要 10 个零件，那么整体的精度就变成了 0.9 的十次方，只剩下 30% 了。这种精度的软件根本无法实际应用。

这时，松崎拓也先生对从数学题的题目到代数式的转换产生了兴趣。他同时掌握能快速且准确地分析题目句式的统计方法和逻辑方法。

就这样，针对不同科目，东大机器人采取了多种开发策略，既有注重现实的沃森改良型，也有正在逐渐失去主流地位的逻辑型，还有深度学习与普通机器学习的比较型等。这与"机器人能考上东京大学吗"这个项目的目标是一致的。我们要运用现有的以及不远的未来极有可能被引进的所有方法，与希望考上大学、然后成为白领的 18 岁少年们短兵相接。

其结果正如前面介绍的，东大机器人集众人所长，发挥了大家的能力，取得了位居前 20% 的成绩。数学方面，它在东京大学理科模拟考试中答对了 6 道题中的 4 道，取得了偏差值76.2 这一令人惊叹的优异成绩。

东大机器人在海外也产生了意想不到的影响。2013 年，中国的研究团队以中国的大学升学考试为课题启动了同样的项目。此外，在自然语言处理的顶级国际会议上，也出现了多项以用英语写成的升学考题为题材的人工智能对比研究，形成了一股热潮。承蒙幸运女神的多重眷顾，能主持具有如此社会影响力的项目，我真的感到非常幸福。

然而，我并不能一味高兴。

因为东大机器人的成绩意味着，我在 2011 年项目开始之初的预测将成为现实，即很多白领工作会被人工智能取代。日本每个学年约有 100 万名学生，其中的一半，约有 50 万人会参加中心考试。东大机器人位居其中的前 20%，说明人工智能已经远远领先于希望以后成为白领的年轻人的中间值乃至平均值。今后，劳动力市场将会如何变化？怎样才能为输给东大机器人的那 80% 的孩子提供光明的未来？我决心直接面对这些问题。

被人工智能夺走的工作

消失的放射影像科医生

既看不到行色匆匆的白大褂身影，也闻不到消毒水的独特气味。不仅如此，连患者也看不到一个。在这里，只有坐在一排排电脑前的人们，与不断显示在屏幕上的画面无言地对峙⋯⋯

这不是未来的场景，而是最先进的放射影像诊断现场，是现在的情况。

不知是不是因为大家都比较喜欢做检查，据说日本做 CT 或 MRI（磁共振）等的患者要比欧洲多得多。过去只有大医院才拥有昂贵的 CT 或 MRI 设备，最近已经走进了很多规模较小的个人诊所。设备性能也有了显著提高，这类检查过去很费时，一上午只能接待两位患者，如今已经提速到 6 分钟就能完成一项检查。影像的清晰度也不断提高，一次 CT 检查就能拍摄几百甚至数千张图像。

根据 CT 或 MRI 拍摄的图像，判断有无癌症或动脉瘤等病灶，这是放射影像科医生的工作。然而，虽然 CT 或 MRI 普及得很快，但医生的数量却没有增加那么多，因此放射影像科一直处于人才不足的状态。能雇得起放射影像诊断医生的私人医院并不多。过去，做不了放射影像诊断的医院或诊所只能请大医院代做检查。然而，大医院不断引进更为高端的最新诊断设备，影像检查和诊断越来越多，所以渐渐也没有余力接收其他医院介绍过来的患者了。于是，各地开始出现了专门负责影像诊断的检查中心，承接当地医院的影像检查和诊断。这也可以说是为了提高诊断效率的分工，本节最初介绍的最前沿的放射影像诊断现场，就是这类影像诊断中心的情景。

有一位在医学会上地位很高的内科医生谈到自己做实习医生时，曾经花很多时间去做影像诊断的兼职工作。

"我们在暗室里用流水作业的形式根据影像进行诊断。这是一种孤独的机械作业，不需要与患者或同事交换意见。不断重复同样的作业，人也变得越来越疲惫。我们当然知道看漏了癌症会危及患者的生命，但却难以抑制自己的注意力越来越不集中。从这一点来看，这种工作真是很严酷。"

这位医生回顾当时的情形，描述了兼职影像诊断工作的状态，他最后说道："可能人工智能要比人类更能胜任这种工作。"

随着深度学习的问世，人工智能的图像处理技术在最近几年取得了长足进步。虽然还不能像人一样识别图像，但正如前面介绍的，人工智能十分擅长处理例如判断一幅图像中有没有猫的这类特定的工作。也就是说，在需要判断图像中是否存在癌或动脉瘤等可疑病变等的影像诊断工作中，人工智能确实有可能发挥作用。而且各地的诊断中心每天都会产生大量训练数据，足够人工智能不断学习影像诊断。前文说过，训练数据越多，越有利于人工智能自动学习并提高精度。有专家认为，在今后三年之内，人工智能的诊断准确率将有望超过放射科专业医师的平均水平，影像诊断工作有可能完全交给人工智能来处理。换句话说，这意味着，在三年之内，影像诊断这种工作就有可能会被人工智能取代。

即使失去了影像诊断的工作，放射科的专业医师也仍然可以胜任其他很多工作，所以并不需要担心失业的问题。考虑到影像诊断对人们来说是一种极为辛苦的作业，正像前面提到的那位医生所说，让人工智能负责影像诊断也许更是一个好消息。不过很显然，过去由人类承担的工作被人工智能取代，并不都是好消息。因为很多人可能会因此失去工作。

新技术是如何夺走人们工作的

正如大家所知道的，新发明或新技术的问世导致人们失去工作，并不是最近才出现的情况。甚至可以说，人类的历史正是在重复这一过程的同时走到今天的。在闹钟没被发明之前，据说欧洲有一种专门负责唤醒别人的工作。具体方法听说有很多，例如拿一根长杆子敲响窗子，或者用吹管把豆子吹到能使它发出声音的地方等。在需要长时间劳作的工厂里，据说还有一种工作是为大家读娱乐小说。随着八音盒或留声机的发明，这种工作便消失了踪迹。

我小时候，有人专门负责配送牛奶。送牛奶的人和做面包的人、送报纸的人一样，都是需要起早的工作。随着电冰箱和食品超市的出现，这种工作也逐渐消失了。我上高中或者上大学的时候，车站的检票口都有人专门负责检票，如今这种工作也被自动检票机代替了。过去还曾经有一种记录用具叫作打字机，打字员的工作曾经深受女性喜爱。现在，打字机已经成了博物馆中的展品。

银行的窗口越来越少了。因为有了 ATM，各银行之间也联上了网，还有网上银行可供顾客使用。纸质报纸的发行数量一直在不断下降，因为现在大家都可以在网上浏览新闻了。出版代理商、书店以及印刷厂的数量今后恐怕都会大幅减少吧，因为随着图书电子化的发展，印刷需求会越来越少，而电商网站能根据用户的喜好和购买历史主动推荐商品，预计在今后将进一步席卷流通领域。

这样的例子不胜枚举。就像《平家物语》的作者所说的，诸行无常、盛者必衰，这是世间常情。过去，因为新技术的问世而失去工作的人们在时代的洪流中苦苦挣扎，设法闯过了这一道道难关，也有很多人的人生因此而陷入悲惨的境况。不过从整体来看，新技术的出现为人们带来了更为富足的社会。我发现有很多人都持有一种乐观的心态，认为即使人工智能的问世会夺走一些工作，但人们也一定能设法度过这一关，走向更为富足的社会。实际上，市面上泛滥的人工智能相关图书当中，也经常见到这种观点。

不过，请等一下。现在正在发生的情况，与人们过去曾经经历的情况果真是相同性质的吗？我不这样想，我认为二者之间存在本质区别。

再也不能"加倍奉还"

关于在不远的将来有可能消失的工作，我想再举一个例子。

最近几年，Fintech（金融科技）一词在日本很火。Fintech是把Finance（金融）和Technology（科技）组合到一起新造出来的词，指运用信息技术提高金融服务效率或创建新型金融服务和产品。直到不久以前，交易员还是兜町^①炙手可热的工作，但现在正逐渐被人工智能取代，因为人工智能可以判断出股票交易的最佳时机。运用人工智能买卖股票的"算法交易"在美国迅速占据了相当大的比例，以至于相关法律不得不做出限制规定。进入 21 世纪 10 年代以后，日本也出现了同样的情况，现在算法交易在所有交易中已经占到了七成。

前文介绍了瑞穗银行的呼叫中心引进沃森系统的事例，有很多人工智能学者预测，人工智能会取代银行和证券公司的窗口工作人员。

不过我对此持怀疑态度。我认为，与窗口工作人员相比，更先被人工智能取代的应该是半泽直树。

2013 年，TBS 周日剧场播出的电视剧《半泽直树》讲的是银行职员揭露银行各种黑幕的故事。原作者池井户润创造的主人公半泽直树凭借"以牙还牙，加倍奉还！"这句经典台词一跃成为时代的宠儿。

半泽直树是贷款专员，主要负责调查申请者的偿还能力和信用度，面对个人申请者则需要考虑抵押资产的价值、申请者年薪及所在企业的规模，以及年龄或家庭构成等信息，根据这些数据计算出贷款条件，判断是否可以发放贷款。贷款

---

① 位于日本东京都中央区，曾是东京证券交易所等银行和各证券公司集中的金融街，在 20 世纪 80 年代与伦敦金融城、纽约华尔街和香港中环等并称世界著名的金融中心。

有时也会遇到无法收回的情况，不过只要能通过其他贷款的收益弥补损失，确保整体上的收益，发放贷款的负责人并不会被视为失职。从这个意义上来看，可以说半泽直树的工作要考验的是他的计算是否合理的概率。

我看这部电视剧时就在想，人工智能能根据大数据进行机器学习，因此这种工作，尤其是住宅抵押贷款等个人业务应该能成为人工智能擅长的领域。银行拥有大量以往贷款的训练数据，结论只有发放或不发放贷款，也就是 YES 或 NO 中的一个。所以我认为半泽直树的工作迟早会被人工智能取代，我们很可能再过几年就再也听不到那句大快人心的"加倍奉还"了，真是可惜。

我在 2013 年初第一次预测"半泽直树再过几年就会消失"时，讲演会场上爆发出一阵笑声。当时正是半泽直树最火的时候，所以大家可能都把我的话当成了玩笑。不过也有人与我的看法相同。在那之后不久，英国牛津大学的一个研究团队发表了名为"就业的未来——计算机产业发展将如何影响各种职业"（The Future of Employment: How Susceptible are Jobs to Computerisation?）的研究论文，预测了 10 至 20 年后仍旧存在的工作和不复存在的工作。其中，贷款专员在前 25 个不复存在的工作中名列第 17。此外，银行窗口工作人员也榜上有名，排在第 20 名。

不仅如此，去年（2016 年）终于有银行实现了贷款征信调查的全自动化。专门从事网上业务的 JAPANET 银行于去年10 月面向中小企业提供的新型贷款就是运用人工智能进行征信调查的。据说该银行可以实时掌握和分析企业的资金往来及业绩情况，即使是无抵押或无担保贷款也能在当日之内决定是否发放。《日经新闻》报道了这条新闻，并针对人工智能参与征信调查写道，"由于审查手续过于繁复，中小或微小企业等过去一直是被银行敬而远之的'金融排斥对象'，今后他们也有可能获得灵活的资金供给了"。

12 月份，横滨银行推出了能在网站完成合同手续的服务。对象产品除了信用卡贷款、无息贷款之外，还包括用于教育支出或购买汽车等不同用途的各种贷款。只要拥有活期账户和储蓄卡并满足银行要求的条件，人们不用通过贷款专员便能借到钱。

现在，日本的银行数量远远超过 100 家，其中到底有多少银行的征信调查工作能够胜过人工智能呢？

接下来更令人震惊的是区块链的问世。区块链不是人工智能，而是关于记账的革命性创新。区块链采用电子信息记录钱或物的交易历史，同时将这些数据集约成区块，然后将区块链链接起来，作为分散台账进行管理。很多时候，区块链都是与比特币同时出现在新闻中的，不过如今金融行业也在研究如何采取区块链的方式记录所有交易。2017 年 7 月，瑞穗银行宣布，针对实际贸易交易，从信用证发行到贸易文件

交付等业务全部通过区块链实行。贸易交易的过程中，贸易
公司与各主要银行之间需要传递大量纸质文件，如将多少数
量的何种商品、在何时以什么价格交付对方，以及采用何种
方式回收货款等。这个过程通常需要耗时 1 个月以上，经过数
十名经办人员签字和盖章才能完成。而如果使用区块链，劳
动力成本几乎为零，人们便可以安全可靠地共享信息。

　　2017 年 10 月，瑞穗金融集团宣布正在规划大规模的业务
改革，计划通过 IT 提高工作效率，削减事务性工作，推进分
店整合，在 10 年之内削减 19 000 人份的业务量。目前，瑞
穗金融集团的员工总数约为 6 万人，每年大约会招收 2000 名
新员工。除了证券业务，该公司其他工作岗位的离职率极低。
在这种情况下，今后 10 年之内将会削减约 2 万人的业务，我
在 2011 年的预测即将成为现实。

有一半人会失去工作

　　表 1–1 为牛津大学的研究团队预测由于计算机发展（人
工智能化）在"10 至 20 年后仍旧存在的职业和不复存在的职
业"。我们来详细看一下，需要关注的是很多被称为白领工作
的事务性工作。例如第 2 名不动产登记的审核和调查，第 4 名
使用计算机进行数据收集、加工和分析，第 8 名税务申报代
理人，第 11 名图书馆管理员助理，第 12 名数据录入人员，第

表 1-1　10 至 20 年后将不复存在的职业的前 25 名

1	电话促销员（电话营销）
2	不动产登记的审核和调查
3	手工裁缝被服店
4	使用计算机进行的数据收集、加工和分析
5	保险行业从业人员
6	钟表修理工
7	货物通关代理人员
8	税务申报代理人
9	胶卷照片冲洗人员
10	银行的新开账户负责人
11	图书馆管理员助理
12	数据录入人员
13	钟表的组装和调试工人
14	保险理赔申请及保险合同代理人
15	证券公司的一般事务性工作人员
16	接单员
17	（住宅、教育、汽车贷款）等的贷款专员
18	汽车保险鉴定人
19	体育运动裁判
20	银行窗口工作人员
21	金属、木材及橡胶的刻蚀和雕刻人员
22	包装机和填充机操作人员
23	采购人员（采购助理）
24	货物发放和接收人员
25	金属及塑料加工机床的操作人员

数据来源：松尾丰《人工智能狂潮》

原始数据来源：C. B. Frey and M. A. Osborne, "The Future of Employment : How Susceptible are Jobs to Computerisation?" September 17, 2013.

14 名保险理赔申请及保险合同代理人，第 15 名证券公司的一般事务性工作人员，第 16 名接单员，第 17 名贷款专员和第 18 名汽车保险鉴定人等都属于这种情况。

第 7 名货物通关代理人员、第 19 名体育运动裁判、第 22 名包装机和填充机操作人员和第 25 名金属及塑料加工机床的操作人员等乍看上去并没有什么共同点，但其实这些工作都很容易通过工作手册进行管理，即劳动者只要按照给定的规则操作即可，因此也被认定为容易被人工智能取代的职业。

您是不是看到自己的工作不在这个表里，感到松了一口气呢？很遗憾，还不能就此放心。这里只列出了排在前 25 名的工作，但其实牛津大学的研究团队预测，美国总计 702 种职业中，约有一半将会消失，所有就业者中有 47% 处于"有风险（at risk）"状态，即有可能会失去工作。

您觉得这是美国的情况，跟自己没关系吗？还是很遗憾，事实并非如此。无论美国还是日本或者其他国家，确认贸易往来的文件或者进行征信调查的工作并没有什么不同，在美国被 IT 技术或人工智能取代的工作在日本也一样会被取代。即使每个国家的雇用习惯或雇用形态有很大不同，但资本主义社会的经营者都必须最优先考虑企业的利益，这一点是一样的。只要能通过计算机削减劳动力成本，就会有很多企业选择这样做。因此在美国预测会发生的情况，在日本也同样会发生。也就是说，在不远的将来，日本也将有近一半的劳动者至少会陷入失去现有工作的困境。

　　大家千万不要认为"日本是终身雇用制，所以没有这个担心"。日本企业如果因为雇用习惯推迟引进人工智能，只能因为失去国际竞争力而破产，或者被卖给外资企业，根本无法确保员工的工作。另一方面，如果明明能通过引进人工智能提高生产率却一定要维持现有人数，就会在与引进人工智能的公司的竞争中落伍，导致劳动环境恶化。人类想挑战人工智能擅长的领域，无异于用竹枪对抗 B29 轰炸机。第二次世界大战结束以后，日本经济持续增长时间第二长的是"伊邪那岐景气"[①]，如今经济回暖持续时间已经超过"伊邪那岐景气"，企业的保留收益也达到了历史最高额，但工资的中间值却在持续下降。这是为什么呢？美国可以用移民的借口来解释这个问题，但日本几乎没有接收任何移民。那么就只有一个原因能解释这种情况，即创新导致了劳动者的断层。一些劳动者正在被技术创新取代，他们的劳动价值正在急剧下降。

　　前文说过，新技术问世导致某些工作消失的现象并不是最近才出现的，类似的情况曾在历史上反复上演。ATM 导致银行窗口业务急剧减少。数码照相技术导致街头巷尾的 DPE 店

---

① "伊邪那岐景气"指日本经济高速增长时期，从 1965 年 11 月到 1970 年 7 月长达 57 个月的经济连续增长期。日本从 2012 年 12 月起进入经济连续增长状态，在 2017 年 9 月超过了时长第二的"伊邪那岐景气"，到 2019 年 1 月则超过从 2002 年 2 月到 2008 年 2 月的"伊邪那美景气"，成为战后持续时间最长的经济增长期。

铺几乎全部销声匿迹。不过被这些技术夺走的工作是有限的。而人工智能不同，今后10至20年期间，可能有一半的劳动者都将被夺走饭碗。最先提出这项预测的，其实并不是牛津大学的团队，也不是麻省理工学院教授提出的"与机器赛跑"，而是我。我在2010年出版的《计算机将夺走我们的工作》一书中就曾这样预测过，但日本人并没有当作一回事儿。

这本书出版之后不久，我去了东京站前的大型书店，想看看这本书会被放在哪里。我在经管书区域怎么都没找到，您能想到它被放在哪里了吗？在科幻小说区。这件事让我不寒而栗，日本人竟然把我预测的场景视为科幻小说。其实这就是我决心启动"东大机器人"项目的初衷。我必须尽早告诉日本人，这是在不远的将来一定会发生的事实。我希望大家都能为这一天做好准备。这种焦躁情绪全都凝结在了"机器人能考上东京大学吗"这句话中。

在20世纪初始之后的大约100年里，丰田和松下等日本最前沿工厂基本实现了全自动化。今后，白领阶层也要面临同样的变化，而且时间被缩短为20年左右。这是人类从未体验过的变化。我说人工智能带来的变化与之前的情况具有本质的不同，就是这个意思。

WHO在21世纪初曾就SARS发起全球警告，其致死率为10%。20世纪初在世界范围内爆发的西班牙流感导致多人丧命，其致死率是2.5%。以环境恶劣到极致著称的西伯利亚监狱的死亡率是 10%。人工智能的影响并不适合与这些数字进行比较，但我还是要说，在 20 年甚至更短的时间之内，白领阶层将会减少 50%，其严重程度远超出我们的想象。

我们的生活，即将发生重大变化。

AI
vs.
教科書が読めない
子どもたち
Artificial Intelligence vs. Children who can't read textbooks

第 2 章

挑战东大抱憾而归

——奇点只是 SF

阅读理解能力与常识的壁垒
——填鸭式教育的盲点

东大落榜

从 2011 年开始，东大机器人一直为了考上东京大学而刻苦学习，但至今仍没有能考上的希望。听说以前高考落榜的考生会收到写有"遗憾，樱花凋零"的电报通知。正如第 1 章介绍的，东大机器人付出了很多努力，当然实际上付出努力的是担任"家庭教师"的 100 多名研究人员。东大机器人在 5 个教科 8 个科目的偏差值是 57.1。对在全国 765 所大学中占 70% 的 535 所大学来说，东大机器人都有 80% 以上的概率能被录取，其中包括 MARCH 以及关关同立等一流大学。

东大机器人在最后一次参加的"2016 年度进研模拟考试综合学力摸底模拟考试 6 月份"中取得了偏差值 57.1 的成绩，其中它最擅长的世界史 B 的偏差值为 66.3，数学中的数学 I A 为 57.8，数学 II B 为 55.5。不仅如此，在模拟东京大学二次考试的"2016 年度第一次东京大学入学考试预演"中，东大机器人的数学（理科）偏差值竟然高达 76.2，世界史也达到了 51.8。如果只看数学成绩的话，东大机器人已经完全能考上东大理科三类（医学部）了。但另一方面，东大机器人的英语偏差值则为 50.5，语文为 49.7，一直徘徊在 50 上下。东大机器人 2013 年第一次参考时，这两门偏差值分别是 41.0 和 45.9，虽然有了显著提高，但距离考上东京大学还有很大距离。毕竟东京大学的偏差值高达 77 以上，仅有不到 0.4% 的考生能达到这个水平。

其实在 2015 年的挑战中，东大机器人的整体偏差值也达到了 57.8。因此可以说，对于考大学这项智能任务来说，只靠历史真题和维基百科等可利用的知识资源，再加上最先进的代数处理等技术，就能具备偏差值 55 以上的实力。

有很多人热心地鼓励我们"不要放弃，一定要不懈努力，直到考上东京大学为止"。不过我觉得现在这个程度就差不多了。运气好的话，也许可以提高到偏差值 60 左右，但要超过 65 是不可能的。我这样想是有原因的。目前的人工智能还有很多无法超越的障碍，仅凭现有技术的延伸是无法攻克的。要取得突破，就必须找到截然不同的方法。这一章就来介绍一下为什么东大机器人的偏差值无法超过 65。

东大机器人不需要超级计算机

曾经有人怀疑东大机器人的能力无法进一步提高是硬件性能不够导致的。日本最先进的超级计算机"京"能在 1 秒钟进行 1 京次运算处理，在 2011 年超级计算机 500 强中名列世界第一。之后，日本的超级计算机在节能性能等方面也一直处于世界最前沿。有人认为如果我们用上这些日本的王牌，东大机器人的成绩也一定能够实现划时代的提升。

其实在项目启动不久，某机构就向我们发出了邀请，希望东大机器人一定要使用他们的超级计算机。盛情难却，我们便在东大机器人项目的研究人员中招募愿意使用超级计算机的人。结果大家都很为难，说是"用不上"。尤其是数学团队给出的理由特别引人深思。他们说"较好的普通服务器在 5 分钟之内解不出来的题，即使用超级计算机算到地球毁灭的那一天，也还是解不出来"。

例如这道题："平面上有一个四边形。求到各顶点距离之和最小的点。"

只要实际动手画一张图，任何人都能凭直觉知道答案是对角线的交点。要证明这个结论也不太难，取对角线交点之外的任意一点，它到各顶点的距离之和都会大于两条对角线之和。

我也不知道为什么大家都能轻松地答出这道题，也有可能是因为答案碰巧就是对角线的交点。对人类来说，交点是十分自然的存在。无论是费马大定理，还是最近由日本数学家证明出来的 ABC 猜想，其定理本身都很自然，都是高中生就能理解的问题。然而，计算机却无法理解什么是自然的定理。

我们让计算机解答前面这道四边形的问题，它一直都解不出来。我请熟人帮忙用超级计算机试了试，结果同样是一无所获。因此我做了理论计算，发现计算机解出这道题所需的时间比从宇宙形成到现在的时间还要长。

并不只是代数处理有这个问题。自然语言处理中也有很多问题根本就不知道应该计算什么。也就是说，这些问题使用超级计算机也计算不出来。从这个意义来看，"只要超级计算机的性能不断提高，就能够超越人类智能"的观点完全是胡说八道。即使使用量子计算机，情况也不会有任何不同。打个比方来说，这就像完全不懂语法的人即使把所有单词都背下来也无法读懂或者说出英语一样。

当然了，我并不是说超级计算机没有用。超级计算机最擅长的领域是根据大规模数据进行模拟。在气象领域，超级计算机发挥了重要作用，现在天气预报的准确度已经提高到了20年前根本无法想象的程度。但这并不说明超级计算机也能提高人工智能的性能。

量子计算机在解决所有人都在横滨 Arena① 一起连接网络时哪个接入点会更顺畅等问题时可以发挥作用（不过这会带来严重的副作用，导致现有 ID 和密码系统立即陷入瘫痪），但过去 30 年的研究只发现了几种算法能在本质上发挥量子计算

---

① 又称横滨体育馆，最多能够容纳 17 000 人，常作为大型演出或各种活动的场地。

机高速运算的优势。

我一直感到不可思议，为什么会有如此之多的人认为性能超群的超级计算机问世或量子计算机的实用化能实现"真正意义上的人工智能"或者导致奇点到来。因为每秒钟运算处理次数与智能之间并没有科学联系。

最近我好像有点明白人们为什么会有这种误解了。我们形容一个人很聪明时常会说他"脑袋转得快"。这只不过是语言上的修饰，但如果误认为这是科学事实，大家就会产生"每秒运算处理次数 = 聪明程度"的偏见。再加上一些研究人员或媒体常把深度学习简单地解释为"模拟人脑的运算过程"，可能这也导致越来越多的人误以为"用超级计算机进行深度学习就能达到与顶级聪明的人一样的程度"。

大数据幻想

自从 2011 年开始东大机器人项目以来，很多学会或企业邀请我以此为题做演讲，其中也包括汇集了很多日本人工智能研究者的人工智能学会和语言处理学会等。在演讲的开始，我总会问大家："你们认为在 10 年之后，人工智能能考上东京大学吗？"不知道大家是不是为了照顾我作为东大机器人项目负责人的情面，会场上一般都会有七成以上的人回答"能"。

前一章也提到过，在国立信息学研究所决定开始东大机器人项目的研究战略会议上，谁都不认为人工智能会在短时间里考上东京大学。然而在日本专门从事人工智能研究的大多数人却预测人工智能能考上东京大学。这让我十分震惊。

这些人的根据基本上可以分为两类。一类是"过去谁也未曾想到计算机能战胜日本象棋的专业棋士，因此人工智能也很有可能考上东京大学"。这句话里的"因此"并不符合逻辑，甚至也不符合经验，它只属于期待和浪漫幻想等类别。

还有一类根据是"只要运用历史真题大数据就应该能考上"。我觉得这种观点的问题更严重。因为和"人工智能""奇点"等不负责任地煽动人们期待的词语一样，"大数据"也给很多人带来了不切实际的幻想。

考上东京大学的考生在中心考试中的答题准确率约为90%。因为东大机器人模拟参加中心考试与我们展开合作的代代木补习班的老师特别提醒我们，"如果英语达不到几乎满分的程度，肯定是考不上（东京大学）的。"无论物体识别还是语音识别，要达到90%的准确率，即使将任务设定在极窄范围内，最少也需要数十万单位的数据。只看英语这一个科目，对考生来说，标注音标、语法填空、对话题和长篇阅读理解以及听力都统称为"英语"。然而对机器来说，以上每一项都是完全不同的任务。即使把正式考试和补考都加起来，每年也只有十来道会话试题。把过去20年的真题全都找来也只能收集 200 道题。就算再加上各种补习班和辅导班的模拟考试题，也不会超过 1000 道。文言文和汉文的形势要更为严峻。我们统称的"文言文"，其实是散布在跨越一千多年的各个时代的。同样一个词在《万叶集》中和在江户时代中期的文章中，含义完全不同，语法也不一样。而且既然是"文言文"，过去的数据自然也不会比现有资料增加更多了。

也就是说，大学入学考试是没有大数据的。即使能收集到大数据，也未必能答出考题，但很多人，甚至与人工智能相关的企业乃至人工智能研究人员却认为能找到大数据，只要有了大数据东大机器人就能考上东京大学。他们这是双重误解。

日本与美国的差距

开发了沃森的 IBM 公司的态度与日本形成了鲜明对比。《纽约时报》曾推出东大机器人特辑，上面刊载了他们的看法："以较高准确度（在短短几年之内）解答种类繁多的升学考题恐怕极为困难。"他们清楚，作为人工智能的课题，在《危险边缘》中答题和解答大学升学考题具有本质不同。

日本和美国对人工智能的认识存在很大差距，对人工智能的期待程度便是其中的一个方面。在日本，从人们对东大机器人的"错爱"中也可以看出，就连人工智能领域的专家也都在期待人工智能在不远的将来为我们实现美好的梦幻世界。而美国占据着人工智能的发展前沿，很多研究者都能冷静地判断人工智能的真正实力。IBM 对东大机器人的看法便体现了这一点。还有一个不同是，对人工智能投资的现实意义的理解。日本虽然对人工智能抱有极大期待，但无论国家还是企业对于投资人工智能的目标都缺乏现实感，常常是不知所措，要么把巨额预算投给能说出豪言壮语的研究人员，要么向人工智能顾问支付高额咨询费。我们开始东大机器人项目时，美国已经有 IBM 作为私有企业斥 10 亿美元巨资开发沃森，而日本除了东大机器人之外就没有任何大型人工智能项目了，这一点很能说明问题。

为什么会出现如此差距呢？我认为有两个原因。

一个是第五代计算机计划的负面影响。第五代计算机计划是当时的通商产业省（现经济产业省）在 1982 年建立的国家项目。该项目以构建高速运行逻辑推理的并行推理计算机及其操作系统，根据逻辑进行自动诊断或机器翻译为目标，获得了超过 500 亿日元的预算。然而遗憾的是，这个项目最后以惨败告终。也可能是有了前车之鉴，日本在之后 20 年里实际上冻结了所有标榜人工智能的大型项目。开启东大机器人项目之后，我马上去查找第五代计算机的相关资料。因为我想知道他们到底实现了哪些功能，做错了哪些判断，最终是如何失败的。但是我几乎没有找到任何资料。我只看到了一些鼓吹"实现伟大梦想"或者辩称"第五代计算机其实是成功的"等报告，但关于这个项目为什么会失败，具体是如何失败的等最关键的报告却根本没有。即使是被视作第二次世界大战中最差策略的珍珠港作战，也留下了可供日后验证的日志等资料和证言，第五代计算机连这些都没有。最终，我震惊地发现，这个项目没有留下任何资料可借鉴。这只能理解为有人在逃避失败，假装一切都不曾发生，然后"一朝被蛇咬，十年怕井绳"，冻结了所有人工智能项目。

相比之下，美国企业却从日本的失败中学到了很多。他们叫停了依靠逻辑方法实现自动翻译等人工智能项目的开发，转为采用统计方法，取得了谷歌翻译和沃森等成果。能否从失败中吸取经验导致日美两国对人工智能的不同认识。

还有一个原因，就是美国有很多企业迫切需要人工智能。

美国的谷歌和脸谱等公司都在全球范围内凭借免费服务自动积累了海量数据。开展大规模免费服务时，能否在不花费人力成本的前提下提供服务直接关系到经营的成败。例如推特必须随时删除含有威胁内容的违法推文和涉及暴力或色情等的非法图像。能否通过人工智能自动分辨出合法内容和非法内容，将左右推特的存亡。

谷歌服务器群常会受到黑客的攻击。攻击也属于某种"字串"，人工智能必须随时更新，才能分辨出哪些是正常访问，哪些是恶意攻击。谷歌街景也一样，该功能在发布之初收到了大量投诉指责它侵犯了自己的隐私，因为谷歌街景中会显示出行人的脸或者门牌上的名字等。如果必须人工给人脸和门牌打码，谷歌可能早就破产了。人脸识别能在图像识别技术中最先得以实现，一定也是因为谷歌等企业为图像处理研究提供了巨额补贴。如果"被遗忘权"①在欧洲等地普及，谷歌必须采取相应措施。因此，他们拥有充足的动机去投资人工智能。

相比之下，日本基本上依靠制造起家，即制造产品销售出去。如果价格中包含研发费用的商品可能卖不出去的话，厂商就会选择不加新功能。此外，厂商还必须为产品的质量承担责任。这个过程中要求的精度与谷歌或脸谱等提供的由用户承担责任的免费服务完全不同。也就是说，采用深度学习等根据统计学方法判断，如果导致发生重大事故，制造业企业必须为此承担责任。除了必须赔偿损失，事故还会损坏企业形象，因此日本的企业很难轻易参与这些领域。此外，日本工厂的制造一线已经引进了全世界最先进的机器人，所以人们不太明白人工智能还能派上什么用场。当然，第五代计算机项目的失败也带来了巨大阴影。这些因素都是日本和美国对人工智能持有完全不同的认识的间接原因。

---

① 指公民在任何时候都可以要求网站管理者删除关于自己的隐私信息的权利。

攻克英语的坎坷历程

接下来我们再回到为什么东大机器人考不上东京大学这个话题。

前一章介绍了东大机器人解答世界史试题的方法与沃森一样，基本上都是靠信息搜索。此外还介绍了对数学考试，只要问题是由准确的数学专用词汇构成的，就可以通过基于逻辑的自然语言处理和代数处理的结合得到较高分数。

不过还有一些科目无法用这两种方法解决，那就是语文和英语。

无论怎么看，语文都无法用常规方法攻克。因此，语文团队决定对中心考试现代语文中分值最大的画线部分的试题，根据文字的重复出现程度等极表层的信息来选择选项。简单地说，就是截取画线部分与之前段落中的语句，计算"山""这"等同一个文字的出现次数，然后对选项也做同样计算，选择重复出现最多的选项。这种方法完全不考虑词语的含义，更别说句子的含义了。可能您会觉得这是胡闹，其实用这种方法很快就使议论文画线部分试题的回答正确率达到了五成，不过要取得更好的成绩就不太可能了。

英语就更难了。项目刚开始的 2011 年，我们分析了中心考试的历史真题，结果自然语言处理团队认为"囊括了所有目前的自然语言处理技术最难处理的问题"的就是英语，而不是语文。

中心考试的英语试题的题型基本上是固定的。如第一题是单词的发音和重音，第二题主要是语法，包括句式、语法和词汇等。这些都是现有的人工智能有望解答出来的。不过这并不意味着一定能得满分。因为只要是必须依赖统计方法，就不可能确保得满分，只是能以较高的精度"猜对"。

我们预计比较困难的是第三题之后的试题。第三题是完成对话，第四题是在看懂图表的基础上理解对话或句子，第五题是长篇阅读理解。我是在日本实行中心考试制度之前上大学的"统考第一代"①，当时只要学好"英译日、日译英、语法和词汇"就能考上很不错的大学。现在只靠这些已经远远不够了，尤其是第四题中的"图表"对人工智能来说难度非常大。因为从历史真题中可以发现，这道题要求考生必须能看懂机票或博物馆门票的价格表或者野营基地的用具租借费用表及注意事项一览等内容。比如门票价格表中还会包含一名成人可以免费带两名学龄前儿童，或者出示残疾人证书可以免费入场等条件。即使让号称正确识别率可达 99.9% 的最新 OCR② 来读题，它也同样会错误频出。常有人批评中心考试的

---

① 指在 1979 年至 1989 年期间，通过中心入学考试的前身——全国统一考试报考国立和公立大学的一代人。
② OCR（Optical Character Recognition，光学字符识别），是指扫描仪或数码相机等电子设备扫描纸上打印的字符，确定其形状并通过技术字符识别将各种形状翻译成计算机文字的过程。

英语是"毫无实际用处的死记硬背式英语"，我想他们恐怕没有实际解答过中心考试的试题。

哪个研究团队能攻克英语呢？我反复思量，最后在 2013 年找到了 NTT 沟通科学基础研究所（俗称 NTT-CS 所）。即使在人工智能的寒冬时期，NTT 也仍坚持不懈地致力于语音识别、语音合成、机器翻译、沟通理解等研究。我最初找的是机器翻译团队，当时那位年轻的机器翻译研究人员说的话，我仍然记忆犹新。

"中心考试的英语试题里的英语都太不自然了。要取得好成绩，您得拿来 100 万份中心考试英语试题的日英平行数据，那样我们才能考虑。"

我们普通人听到"翻译"，常会把专利、报刊、中心考试、TOEFL 考试以及旅游时的对话都看作日语和英语之间的翻译。然而机器并不是这样。专门为专利翻译设计的人工智能无法翻译旅游用语，旅游翻译用的人工智能在国际会议上也派不上用场。这位比我年轻二十来岁的研究员直言不讳地要我"拿来 100 万语料库（语言数据）"，真是给我上了很好一课。

目标是拿到 200 分中的 120 分

在这种极为困难的情况下，曾在 NTT docomo 公司语音智能助手"shabette concier"① 的研发工作中担任核心成员的东中龙一郎先生和来自 NTT 的大学研究人员认为这是有趣而值得尝试的工作，因此主动伸出了援手。东大机器人的英语团队就是以他们为核心组成的。

按照人工智能现阶段的能力，第四题之后的答题正确率比转铅笔选答案高不了多少。因此，我们首要关心的是前三道题需要多大的语料库以及能达到多高的正确率。然而越后面的试题分值越大，这对东大机器人十分不利。

英语团队提出前五年的目标是"拿到满分 200 分中的 120分"。第一题和第二题要做到无懈可击，第三题争取达到 70%的正确率，然后从第四题和第五题中选择能靠机器翻译和信息采集技术解答的问题全力作答，确保拿到 100 分。剩下的暂时就只能听天由命，也可以说是靠转铅笔选答案了。如果运气比转铅笔选答案好上那么一点点，就能在 100 分的基础上再添 20 分，实现 200 分中拿到 120 分、偏差值达到 55 的目标了。只要英语的偏差值超过 50，能考上的大学就会增加很多。

不过就连我们期望拿到满分的第一题和第二题，也还远远达不到目标，我们最大的困难是"常识"。

---

① 原文为日语，意为"聊天咨询台"。

常识的壁垒

机器人推开研究室的门，打开冰箱，取出里面的罐装果汁递给大家——这是我们经常在人型机器人的演示中看到的情景。然而目前的真实情况是，把这个机器人派到某位读者的家中，它是不可能打开电冰箱取出果汁的。实际上为了成功地演示出这一幕，有很多人都处于待机状态，为了不出现意外而在手心里捏着一把汗。换句话说，演示的背后都有严密设计的脚本。用于拍摄的电冰箱及其把手是什么形状，如何打开，都要事先编好程序。大多数情况下，电冰箱里只有一罐果汁。也有可能按照一定间隔放着一些啤酒、可乐和果汁，但电冰箱里绝不会出现挤满了牛奶、蔬菜和用了一半的调味汁等的情况。也就是说，除了在极为有限的条件下，机器人连从电冰箱中取出果汁这样的工作也无法轻易实现。所以有人揶揄机器人"能打败日本象棋的名人，却不能去附近打个酱油"也是不无道理的。

您觉得奇怪吗？技术已经有了这么大进步，为什么机器人连这么简单的事也做不了呢？其实，我们认为很简单的行为，对机器人来说，不仅不简单，还非常复杂。进行从电冰箱里取出果汁这个简单的动作时，人们运用了数量庞大的常识。果汁在哪？不在衣柜里，也不在鞋柜里，而是在电冰箱里。电冰箱在哪？不在房门旁边，在厨房。怎样才能打开电冰箱的门？果汁到底是什么东西？在电冰箱的哪里能找到果汁？取出果汁时，有没有别的东西会碍事？电冰箱里没有果汁怎么办？……我们要在一瞬间对这些复杂的问题做出判断。

生活中充满了无法预料的情况，我们必须在各种情形下，运用常识灵活变通地解决问题。如果实时图像识别的精度进一步提高，或者有企业愿意不计成本地去收集明摆着会赔本的与电冰箱门的开关相关的大数据，也有可能开发出更灵活的机器人吧。但依靠现有技术还远远无法让机器人具备初中生水平的常识和灵活性，在日常生活的各种场景中发挥作用。对我们来说只是一个初中生所具备的常识，实际上数量却极为庞大，把它传授给人工智能或机器人的难度超乎想象。

记住 150 亿句话

2014 年秋，东大机器人参加了中心考试的模拟英语考试。它顺利地答完了第一题，即发音和重音题，接下来开始挑战句子排序题，该题型在过去试题的训练中达到了 84% 的准确率。

以下是排序题示例：

> This problem is too ☐ ☐ ☐ ☐ ☐
> ☐ ease.
>
> 将 complex, me, solve, for, to, with 填到合适的位置，使其构成一句话。

考生可以运用单词、语法以及句型的知识来解答这道题。以 too 为线索，根据"too + 形容词 + for 人 + to 动词原形"的句型，就能用给出的单词组成一句具有完整意义的话。

但我们并没有教过东大机器人任何语法和句型，只给了它由数量多达 10 亿个单词组成的 3300 万句例句。在我考大学的年代，骏台预备学校出版过一本叫作《基础英语 700 句》的参考书，在考生中间特别抢手。我把这本书全都背了下来，考上了一桥大学。东大机器人背诵的英文例句是我的 4 万倍以上。

解答排序题时，东大机器人需要在它所记忆的例句中搜索。示例这道题需要对 6 个单词进行排序，共有 $6×5×4×3×2×1=720$ 种可能。简单地说，东大机器人需要把按照这些顺序排列的句子全都搜索一遍。例如英语中没有 "problem is this with too solve complex me for to ease" 这样的语序，肯定搜索不到，那么这种排列顺序就是错的。即使不教语法，东大机器人也能知道大多数人都在用的语序才是正确的。通过这种方法，便能得出正确答案是 "This problem is too complex for me to solve with ease."

在基准问题测试当中，东大机器人解答这类试题的准确率为 84%，因此我们对 2014 年中心考试模拟考试的语序题原本是比较有信心的，但这一年它却只答对了 3 道题中的 1 道，正确率是 33%。这时我的电话响了，是英语组负责语序题的杉山弘晃打来的。他说："今年模拟中心考试突然改变了方向，与过去试题完全不同。这太不公平了！"我马上向提供模拟试题的倍乐生公司咨询："今年的出题方向变了吗？东大机器人考得很惨。""是吗……我们出题还是按照过去的思路，没有特意改变。考生答题的正确率也和往年差不多……"

也就是说，对考生来说与过去一样的试题对东大机器人来说却是完全不同的。

东大机器人答错的是下面这样的试题：

将①~⑥按正确顺序排列，组成完整的一句话。

Maiko: Did you walk to Mary's house from here in this hot weather?

Henry: Yes. I was very thirsty when I arrived. So ⬜⬜⬜⬜⬜⬜ drink.

① asked　② cold　③ for　④ I　⑤ something　⑥ to

这是舞子（即上文的"Maiko"）和亨利的对话。舞子

问亨利:"天气这么热,你是走着去玛丽家的吗?"亨利回答说:"是啊,所以我到那儿的时候特别渴。So ☐ ☐ ☐ ☐ ☐ drink." 东大机器人在检索了 3300 万句话之后,找到了两个候补。

So cold. I asked something to drink.(太冷了,我要了一些喝的。)

So I asked for something cold to drink.(所以我要了一些冰饮料。)

这两句在语法上都没有问题。东大机器人选了先匹配到的第一句。任何人都知道,天气很热的时候是不会冷的,可东大机器人却不明白这么显而易见的道理。也就是说,和过去的两次人工智能热潮一样,它也遇到了常识的障碍。

为了提高答题准确率,英语团队采取的对策是增加东大机器人背诵例句的数量,因为要教它常识实在是太难了。英语团队让东大机器人学习了由 500 亿个单词组成的 19 亿个例句,之后又去参加了 2016 年的模拟考试,这次语序题得了满分,实现了第一题和第二题"单词题和单句"的答题准确率达到几乎 100% 的目标。

不过第三题"句子选择题",也就是完成对话题要达到 70% 准确率的目标却遇到了困难。例如:

从①～④中选出最适合的一句话，填入下列对话的空格处。

Nate: We're almost at the bookstore. We just have to walk for another few minutes.

Sunil: Wait. ☐

Nate: Oh, thank you. That always happens.

Sunil: Didn't you tie your shoe just five minutes ago?

Nate: Yes, I did. But I'll tie it more carefully this time.

① We walked for a long time.

② We're almost there.

③ Your shoes look expensive.

④ Your shoelace is untied.

（译文）

奈特：马上就到书店了，我们只要再走两三分钟就可以了。

苏尼尔：等一下！☐

奈特：谢谢！常有这种事儿。

苏尼尔：你五分钟前不是刚系过鞋带吗？

奈特：是啊，不过这次我会系结实一点。

那么应该填入空白处的是下面的哪句话呢？

① 我们走了好久了。

② 很快就到了。

③ 你的鞋看上去很贵啊。

④ 你的鞋带开了。

正确答案是④"你的鞋带开了。"可东大机器人却选了②"很快就到了。"2016 年完成对话题的准确率还不到 40%。

谷歌、亚马逊、微软、IBM 和软银等所有从事人工智能研发的企业都参与了对话人工智能领域的激烈争夺。如果实现了真正能够对话的人工智能，中心考试中的这种四选一完成对话题当然是一定应该能够答对的。然而，不是东大机器人做得还不够，而是人工智能根本还没有达到这个水平。

英语团队让东大机器人学习的英语句子最终达到了 150 亿句。

但即使这样也无法从根本上提高四选一完成对话题的准确率。英语团队拼命应用深度学习技术，然而除了完成对话题，在概括文章大意等所有试题中，深度学习的表现比现有方法还要差。竭尽全力的英语团队在这一刻见证了深度学习的极限。这也正是东大机器人项目的价值所在。因为英语团队经历的这些"失败"不会被写进论文，也不会有媒体来报道。媒体报道的只有深度学习取得的成就。但对企业来说，只有成功的信息才是有用的吗？有些问题是无论投入多少资金，深度学习都无法解决的，人们最迫切需要的难道不是这样的信息吗？东大机器人用亲身经历替我们证明了这一点，所以我要把它公开出来。

对此，可能有人会预测说，"150亿句例句根本不算多，今后我们能获得上百倍、上万倍的数据。"这种想法只是大数据幻想。确实，在互联网上，每天都会有大量的英语出现。只看推特的数量就足够庞大。但正如前面说的，对人来说都是一样的英语，对人工智能来说，专利文件的英语和报纸上的英语、中心考试的英语试题却截然不同。要提高中心考试英语的答题准确率，必须要有正确无误的标准英语。我们只要想一想，推特上的日语中标准的日语占了多大比例，就能明白英语推特中的标准英语也是很少的。像这样的数据增加再多也没有任何作用。

能写出正确文章的人数有限，写文章需要花费时间，除非能找到与图像训练数据"兑水"一样的方法，在不改变含义的情况下将范文自动增加一万倍，否则150亿句话就不可能增加一万倍。

尽管如此，却仍有很多人指责东大机器人项目："为什么要放弃！你们应该为了实现'真正意义上的人工智能'而努力！"正如本章开始介绍的，我们的目标就是用所有人都能理解的形式，将人工智能在较近的未来的可能性和局限都展示出来。因此，这些声援大概更应该送给那些认为"完全可

以实现真正意义上的人工智能"或者"奇点即将到来"的研
究者，质问他们："你们不是说奇点很快就会到来吗？那还磨
蹭什么，赶快让机器人考上东京大学，证明给我们看吧！"

听不懂话的人工智能

计算机就是计算的机器

　　智能手机的普及把人工智能带到了我们每个人的日常生活
当中。走在街上，到处都能看到人们在用智能手机查询哪有
好吃的拉面店或者应该在哪里换车。

　　无论我身在何处，用智能手机查询当前位置到公司所在
的神保町的路线，都能立即得到答案。朋友送来了高级松茸，
我也可以马上用智能手机查到烹调方法。因此，很多人认为
智能手机，也就是人工智能，能听懂我们提出的问题，并在
思考之后告诉我们答案。

　　但其实人工智能并不理解语言的含义。它只不过是根据
我们输入的信息，通过计算输出答案而已。可能有很多人被
人工智能的迅猛发展冲昏了头脑，忘了"computer"就是计算
机，而计算机能做的基本上就只有四则运算。人工智能无法
理解含义，只不过是做出看似理解了的样子罢了。而且它所
使用的只有加法和乘法。

既然人工智能是计算机，这就意味着所有无法计算的问题，或者说无法转换成加法和乘法的问题，它基本上都不能处理。因此，人工智能研究者才会每天绞尽脑汁地思考如何用算式来表示图像处理的方法、回答提问的方法或者将英语翻译成日语的方法。

数学的历史

不用说，世上所有的问题，只要能把大部分的人类认知或者人类认知到的事物转换成算式，并且可以根据这些算式进行计算，可能"真正意义上的人工智能"就指日可待了。但在目前阶段，我认为这在理论上是不可能的。因为能用数学来表示的事物极为有限。

可以说，将人类认知以及人类认知到的事物转换成算式，这个过程正是数学的历史。

17世纪意大利天文学家伽利略·伽利雷曾经说过："数学是上帝描写宇宙的语言。"在伽利略之前，中世纪的数学可能更接近神学或占卜。比如他们认为，6的约数有1、2和3，这三个数加起来又正好是6，所以6被称为"完全数"，此外，6还与上帝创造世界的天数相同。因此（这个"因此"也是完全没有逻辑可言）人们可以通过研究完全数来探索世界的形成或上帝的真实意愿。

在中世纪，印度的数学经由阿拉伯半岛传播到欧洲。随着贸易的发展，更便于买卖交易的阿拉伯数字得到了广泛应用，人们的计算速度也实现了飞跃式的提高。接下来，计算技术的进步又极大地推动了天文学的发展。

天文学中心法国曾经发生过一件荒唐透顶的事。15世纪，两位法国教皇都主张自己才是正统的，引发了天主教史上"教会大分裂"这件大事。巴黎大学的教师们被要求在二者之中选择自己支持的一方，占少数派的德裔教师被迫离开了巴黎大学。这时，维也纳的哈布斯堡家族向他们伸出了援手，不过是邀请他们去做占卜师，而不是天文学家。

气候会影响农作物的收成，而收成又会影响国力，因此哈布斯堡家族作为统治者十分重视占卜。当时的人们认为太阳、星辰、月亮与云位于同一位置，所以只要收集和分析太阳、月亮和星辰的观测数据，就能预测出气候及收成。当时的人们尚不了解大气层与宇宙空间的区别，有这种想法也不足为怪。总之通过这件事，中世纪的维也纳由于接纳了多位德裔天文学家，使占星术走向了繁荣。是的，现在很多人期盼"真正意义上的人工智能"的情况也与此十分相似。

当时的天文学家需要计算庞大的天文大数据。因为占卜结果正确与否关系到性命安危，所以他们一定是对此倾尽全力的。如3.14等形式的十进制小数表示法就是在这个过程中产生的，直到现在仍被人们使用。在那之前，古代巴比伦时代以来人们一直都在使用六十进制分数，计算效率十分低下，是庞大的计算需求在无意间催生了十进制小数。

尽管发明了十进制小数来辛辛苦苦地计算，但遗憾的是，中世纪的大数据占卜在理论上就是错的。如今任何人都知道，通过观测遥远的星体来预测年降雨量，就像根据彩票号码来预测能否中奖一样，注定徒劳无功。中世纪大数据科学的成果后来因现代科学的问世而被完全改写。

哈布斯堡家族的人们用天文大数据来预测当年的收成乃至刚诞生的皇子的命运等所有事项，在我看来，这些人的形象与那些不懂数学却希望通过大数据来实现人工智能的人们是重合在一起的。

不过十进制小数和对数等运算方法一直流传到了今天。尤其是对数的发明堪称计算革命，帮助天文学家们把寿命延长了一倍。这些都为伽利略的出现创造了环境。

为了阐释宇宙，伽利略试图用数学来表示天体或下落的物体等动态事物。换句话说，数学在过去只能描述静止物体，是伽利略最先尝试用它来描述时间的。为此，他选择使用欧洲进入中世纪时一度失传的古希腊几何语言。

几何语言是指，表述"三角形内角之和为 180 度""三角形任意两边之和大于第三边"或者"勾股定理"等知识的语言。如果您读了被誉为数学经典的欧几里得的《几何原本》就会发现，这本书里没有算式，一切都是用逻辑语言来说明的。

《几何原本》是从古代文明到希腊罗马时代数学知识的集大成之作，书中只描述了三角形或四边形等确定物体，即静止物体，没有涉及动态物体。不过在这本书中，依据逻辑说明事物的方法基本上已经完成。用这种语言来描述动态物体，便能阐释物体的运动了。我们在高中物理课上学过的匀速直线运动和自由落体运动分别用一次函数和二次函数来表示。数学，尤其是函数，就这样成了支撑近代科学，尤其是物理学的语言。

又过了大约 50 年之后，欧洲多地同时出现了"概率"的概念。因"人是一根会思考的芦苇"而闻名的帕斯卡就是其提出者之一。有很多概率论教材都会提到，有一位名叫德·梅雷的贵族酷爱赌博，他在 1654 年向帕斯卡请教，"在没有分出胜负之前，如果因故不得不中断赌博，应该如何分配赌注？"这就是概率诞生的契机。之后不到 10 年的时间里，人们确立了现代概率论的理论基础。所谓科学，与其说是因为某一个人突然闪现的灵感而产生，不如说是在时机成熟时，被人们"作为一种语言"在多个地方同时发现的。数学语言的发展不是线性的。在某一个时期，它会呈现出指数式发展，在其效力完全发挥出来之后才稳定下来，之后一直保持缓慢的发展速度。

17 世纪后半叶牛顿发现万有引力时，数学已经取得了长足发展。与牛顿同时期的莱布尼茨发现了微积分，对数学的发展做出了重要贡献。他具有非凡的天赋，用 $y=f(x)$ 的等式来表示之前只能用复杂又难懂的语言描述的数学问题。例如下面的算式：

$$2x+1=5$$
$$2x=5-1$$
$$2x=4$$
$$x=2$$

这是我们在初中学过的一次方程。肯定有些读者看到第一行算式就开始情不自禁地对它进行变换，直到得出 $x=2$ 的结果。对，是情不自禁，也就是没有意识到自己在做什么就去做了。运用符号将步骤化为规则，使不懂数学原理也能熟练运算的人数出现了爆炸式增加。否则的话，也不可能公立中学的所有人都去学习数学。莱布尼茨的发现让之前不到总人口 0.1% 的极为稀少的一部分人才能理解的数学得到了普及。

在数学四千多年历史中，统计语言是最后出现的。统计的实践本身拥有很长历史，《旧约圣经》就曾记载大卫王实施人口普查招致上帝发怒，爆发了三天传染病，导致 7 万以色列人死亡的故事。据说由于惧怕上帝发怒，美国某个州直到 18 世纪仍没有进行人口普查。

统计获得人们的关注是由于弗洛伦斯·南丁格尔的贡献。

南丁格尔被称为"克里米亚的天使"，是护理事业的创始人。她行事十分严谨，对病房的管理和日常护理都留下了详尽记录，对伤病士兵的死亡人数和发生感染的人数也都做了记录。此外，她还根据这些统计数据的数值变化，科学地计算出了病房中病床之间的适当距离、更换空气的必要性以及床单的清洗方法等。

从克里米亚回国之后，南丁格尔开始着手英国的医院改革。然而据说当时的维多利亚女王最讨厌数字，于是为了能让女王不看数字也能看懂，南丁格尔又发明了饼图等图表，并用色彩缤纷的图表成功获得了女王的支持。

如今，统计在大数据和机器学习领域发挥着重要作用。尤其是被称为贝叶斯统计学的方法论非常常用。

不过，统计领域仍有一些有待解决的课题。逻辑和概率语言在数学中拥有明确的定位，但统计在逻辑上意味着什么，这个问题其实还很难说已经解决。

逻辑与概率和统计

前面有些跑题了，总之纵观漫长的历史，数学获得了逻辑、概率和统计作为说明人类认知或者人类认知到的事物的语言。或者说，我要强调的是，我们所获得的只有这三种语言。四则运算、几何以及高中学的二次函数和三角函数等，都可以从逻辑上，即通过演绎的方式来表述。这里说的逻辑，跟人们平时说"她这个人逻辑感很强"的"逻辑"并不完全相同，这里是指"A=B，且 A=C，则 B=C"的严密逻辑。万有引力定律和牛顿力学都可以用这种方式表达清楚。

然而，世界上也有很多事情无法只用逻辑来解释。比如仔细观察物体的下落，就会发现它并不一定符合根据万有引力定律计算得出的结果。大家想象羽毛等很轻的物体下落时的情景，就能明白这一点。还有，仔细观察高温熔炉中的空气流动或温度变化，也会发现它们并不都符合计算的结果。至于分子或电子运动的世界，我们就连一个电子的情况也都无法准确预测了。这是因为随机因素的影响，需要用概率来表示。我们无法用概率猜出"投掷骰子会不会出现 1"，不过投掷很多次的话，1 就会以每六次中有一次的比例出现。面对随机现象，概率论虽然无法确定接下来会出现哪种结果，却能得知其在很大数量中发生的比例。概率论的确立使熔炉可以安全运转，保险和个人融资也不再是赌运气了。

还有一些事情是逻辑加上概率仍旧不能表现的，它们既不会像逻辑一样必定发生，也不会像概率一样是完全随机发生的。这时就需要统计大显身手了。

统计可以根据过去的数据预测出"在这种气压条件下，明天东京的最低气温应该是 3 度"，或者根据过去的治疗效果数据判断出 A 和 B 两种治疗方法中的哪一种对某种癌症更有效。

尤其是人们的意愿很难用逻辑和概率来处理。例如股价变动或总统选举走势等取决于人们的意愿，既不能只靠逻辑来预测，也不可能像投骰子一样是随机决定的。这种情况下，统计可以作为次优方法，根据可观测信息（问卷调查等）和过去数据找出隐藏在背后的规律，从而预测未来。概率与统计看上去很相似，但操作方法是完全相反的。概率是根据理论预测结果，而统计则需要先有数据，然后才能通过分析数据提出假说。

数学在 4000 年时间里获得了逻辑、概率和统计的表达方式。反过来说，这意味着数学只能阐释能用逻辑、概率或统计表达的问题。也就是说，正像前文介绍的，数学能表达的问题其实非常有限。

逻辑、概率和统计，这是 4000 多年的数学史上发现的全部语言。而且，这也是科学能使用的所有语言。无论是下一代超级计算机或量子计算机，还是非诺依曼型计算机，计算机能使用的都只有这 3 种语言。

"真正意义上的人工智能"指具有与人类同等智能的人工智能。只要人工智能仍是计算机，就无法计算不能转换成算式等数学语言的问题。那么我们人类的智能全都能转换成逻辑、概率和统计吗？非常遗憾，并不能。

数学中有超越数的概念，即不能作为"$x^2+5x+6=0$"等多项式方程的根的实数。圆周率 π 和自然常数 e 都是超越数。

从理论上看，超越数的数量十分庞大，但除了 π、e 和它们的组合之外，人们几乎还没有发现其他超越数。有些人赞同中世纪数学家的观点，认为 π、e 都是上帝创造的特殊数字，但事实恐怕并非如此。只不过数学语言还远远不够，所以我们才无法发现更多超越数。

逻辑、概率和统计还有一个致命的欠缺，即没有描述"含义"的方法。一般来说，数学是关于形式表现的学问，因此只有"真"和"伪"两种含义。它只能演绎"苏格拉底是人。所有人都会死。所以苏格拉底也会死"式的问题，对其他问题，与其说是不理解含义，不如说是无法表述出来。

怎么样？关于数学是什么这个问题，不知道有没有给大家的理解带来一些帮助。数学能完美地表述逻辑问题、概率问题和统计问题，但对除此以外的问题却无能为力。任何人都能毫不费力地理解"我喜欢你"和"我喜欢吃咖喱"之间的本质区别，但用数学却很难把它表述清楚。可以说，这就是东大机器人无法取得更好成绩的根本原因。

我在本章开头说，现有人工智能的扩展无法让东大机器人超越偏差值 65 这一关，就是出于这个原因。

Siri 有多聪明

附近有难吃的意式餐厅吗

计算机无法理解语言的含义，这是实现真正意义上的人工智能的最大障碍。东大机器人无法超过东京大学的录取分数线，也是这个原因。

当然，人们并不会就此罢休。人工智能研究人员一直在不懈努力，让人工智能即使不理解含义，也尽量表现得像理解了一样。Siri 等语音对话系统就是这些努力的成果之一。

那么，Siri 到底有多聪明呢？

例如，您可以尝试问它"这附近有好吃的意式餐厅吗？"Siri 会通过 GPS 识别出位置信息，然后为我们推荐附近的"好吃的"意式餐厅。但问题的关键不在这里。接下来，您再试着提问"这附近有难吃的意式餐厅吗？"它还是会推荐类似的餐厅，而不是按照差评由多到少的顺序来显示结果。Siri 不知道"好吃"和"难吃"的区别。接下来，您再问它"附近有意大利菜以外的餐厅吗？"结果还是这些餐厅。也就是说，Siri 并不明白"以外"的含义。

为了避免误解，我要声明我并不是想破坏 Siri 的名誉。东大机器人也分不清冷和热的区别。正如各位读者发现的，在刚才的对话中，Siri 并没有错，错的是我们不应该问它"意大利菜以外"这种复杂的问题。聪明的用户只要说"日餐"或者"中餐",而不是说"意大利菜以外"就可以了。只要方法得当,Siri 完全可以发挥出十二分的能力。至少我们不用像以前一样去买美食杂志或者当地信息,也不用站在书店翻看查找这些信息了。

不过另一方面,我也想告诉大家 Siri 的真实能力。这样大家就可以知道,为什么"将来人工智能会取代人类所有工作"或者"不远的将来奇点就会到来"等武断的预测和期待都是不切实际的了。

Siri 是一种问答系统,使用了语音识别技术和信息检索技术。导致前面提到的问题的是信息检索技术。后文还会详细介绍,目前的信息检索和自然语言处理基本上都放弃了依靠逻辑进行处理的方法,转为尝试通过统计和概率的方法让人工智能来学习语言。也就是说,即使不明白某句话的含义,也可以根据这句话中出现的词语及其组合进行统计推测,得出看似正确的回答。而且,统计所依据的数据会在人们每天与 Siri 对话的过程中越积越多,运用这些数据反复自动进行机器学习,Siri 便能不断提高精度。不过它的精度永远达不到100%,因为概率和统计原本就做不到这一点。

Siri 之所以会对"好吃的意式餐厅"和"难吃的意式餐厅"做出同样的回答,是因为很少有人会查询"难吃的意式餐厅",因此"难吃的"这个词的重要性便被低估了。而 Siri

不明白"以外"的含义，则是因为它在本质上无法应用逻辑。在依靠统计构建的系统中不伦不类地插入一知半解的逻辑，反而会导致精度下降。

不过在我这本书出版一段时间之后，您再问 Siri"这附近有难吃的意式餐厅吗"，结果可能会有所不同。因为如果有很多读者都问 Siri"难吃的意式餐厅""难吃的拉面店"等，Siri 可能就能区分出"好吃"和"难吃"了。或者说，还有一种更大的可能，就是"内部人士"读了这本书之后立刻废寝忘食地去拼命调整了参数。"内部人士"是指 Siri 开发团队的人。如果有人对 Siri 说"和我结婚吧"，它会极为巧妙地回答"我这种人可不会结婚的哦"或者"你是不是对其他产品也说了同样的话"。这些并不是机器学习的结果，而是"内部人士"手动设置的。

接下来，我要给各位读者出一道题，题目是还有哪些提问能证明已经变聪明了的 Siri 其实并不理解问话的含义呢？请大家一定动脑筋想一想。

我要再次重申，我并不是想贬低 Siri。我只是想让大家明白人工智能和自然语言处理以及其背后的数学的局限。除了Siri，谷歌和沃森也是一样的。

2017 年 4 月，我受邀参加 TED 演讲时，设计 Siri 的主要工程师汤姆·克鲁伯也在同一个区域。他本来要讲 Siri 是如何理解语言的，可我在东大机器人的演讲中已经不经意地提前透露了人工智能解答世界历史试题的方法，所以汤姆肯定就不太好讲了。他小声地和我打了一声招呼，"纪子，你说的是对的，人工智能并不理解语言的含义。"

Siri 采用的自然语言处理技术是通过统计和概率方法实现的，机器无法借此理解语言的含义。不过如果人们想找一家好评多的餐厅，查询明天的天气等需要尽快获得一些实用的信息，或者闲来无事想找一个轻松的伙伴随便聊聊天的话，今后一定还会出现更为优秀的人工智能。

逻辑无法实现自然语言处理

自动翻译或语音应答领域都要用到自然语言处理技术，在统计方法问世以前，技术人员希望让人工技能记住语法等语言规则，凭借逻辑和演绎的方法来提高准确率，但他们屡试屡败。在 2000 年之后唯一成功的案例就是东大机器人的数学答题系统。

要让人工智能根据语法分析日语的句子结构，必须把所有可能性都尝试一遍，如把句子分割成短语，找出主语和谓语、修饰语和被修饰语等，才能正确分析出一句话的结构。如果只是这些内容的话，东大机器人也还能应付，但语言还包含其他各种各样的规则。例如下面的句子：

报警器请绝对不要分解或改装。

未成年人请绝对不要饮酒或吸烟。

这两句话乍看上去结构相似，但懂日语的人马上就能发现它们的结构是完全不同的。后一句话的主语是"未成年人"，而前一句的主语却不可能是"报警器"。因为报警器不会去分解或者改装什么，借用英语分析语法的方法来说的话，报警器是"分解"或"改装"这两个动词的宾语。要让人工智能明白这一点，必须事先告诉它报警器没有生命，不可能去分解或者改装其他东西。但在《爱丽丝梦游仙境》等童话当中，这种情况又是有可能发生的。也就是说，要用演绎方法实现自动翻译，除了语法之外，还必须建立更为周密的语言规则。这些规则必须由人类一条一条地写出来，而且既然是"翻译"，那么除了日语，对象语言也同样需要这么做。

即使做到了这一点，随着规则越来越多，输入句子以后也有可能需要等上非常非常长的时间才能得到翻译结果。要说这个时间到底有多长，有可能是即使用下一代超级计算机也得等到地球灭亡那么长。再说就算有人把规则都写了出来，但每当女高中生发明了新词或新用法时，也还是必须调整现有规则。也就是说，即使从理论上能凭借逻辑方法实现自动翻译，在现实中也做不到。正因为这个原因，我们才把东大机器人使用逻辑的部分只限定为数学和物理。

现有人工智能无法根据逻辑读懂句子或者进行思考。前一章介绍的沃森也不例外。对人来说，看到"该作品又名'朱庇特交响曲'，是莫扎特最后一部交响曲"，就能明白"该作品"是指"第41号交响曲"，它是"莫扎特最后一部交响曲"，从而得知"与莫扎特最后一部交响曲同名的行星是朱庇特"。但这么简单的问题对人工智能来说却异常艰难。

看到这里，可能很多人会觉得奇怪。大家都觉得人工智能连专业的日本象棋棋手都能打败，回答这样的问题还不是小菜一碟吗？直到今天，还有不少人工智能研究者也是这么想的。然而，出人意料的是，希望靠大量常识和简单逻辑推理的方法制造能回答任何问题的人工智能的设想全都以失败而告终了。

统计和概率不容小觑

正如前文介绍的，现在在自然语言处理方面获得成功的企业都从失败中汲取了教训。他们不再试图通过大量常识和简单的逻辑推理来实现语音应答或自动翻译，而是转为采用其他数学语言挑战这个难题。其他语言就是统计和概率。不过，统计无法实现像逻辑一样严密地推理，而且对没有前例的问题也无法预测应该如何判断。尽管如此，这个办法仍旧能答对很多问题。是的，既不依靠逻辑也不理解语言的含义，同样能答对很多。东大机器人也采用了同样策略挑战英语中心考试。让它记住 150 亿个句子正是出于这个理由。

同样，IBM 开发的沃森也不能根据逻辑进行推理，它不会像人一样看到一句话便能理解其含义。沃森依靠统计来挑战难题，它在《危险边缘》中成为冠军，靠的是从统计角度推测"维基百科是一部百科全书。百科全书是为了帮助人们寻找答案而编写的。在这种情况下，人们一般会怎样写"，并据此做出回答的。

前文提到，瑞穗银行的呼叫中心和东京大学医学研究所都引进了沃森系统。呼叫中心和疾病诊断是两种截然不同的行业，它们相继引进沃森，只有两种可能。一种是沃森是"真正意义上的人工智能"，还有一种可能是沃森其实非常简单，针对不同对象的工作原理都是相同的。很遗憾，答案是后者。

东京大学医学研究所引进的沃森系统能够用统计方法推测"医学论文是为了传播新的医学发现而写的。在这种情况下，人们一般会怎样写"，从而协助人们找到疾病的名称。

沃森诊断出了东京大学的医生花了半年时间都没有找到的疑难病症，这个新闻并不能理解为沃森的诊断能力超过了人类。沃森根本不会诊断。因为它不具备知识、逻辑和常识，不可能而且也不应该从事诊断。沃森只不过是帮助医生找到了他们凭借专业知识、常识和逻辑以及伦理观进行诊断时所需要的根据而已。

可能有人觉得，"既然从结果上来看，机器的诊断准确率要高出人类，那就交由它们诊断岂不是更放心吗"。其实并不是这样。请您想一想 Siri，它能在一瞬间就找到附近的意式餐厅，却区分不出"好吃"和"难吃"、"意大利菜"和"意大利菜以外的"，这就是人工智能的真实水平。我们能把关乎性命的诊断交给这样的人工智能去做吗？我反正是不想麻烦它的。

奇怪的钢琴曲

随机过程

除了 Siri 等语音问答系统之外，自动写作、画画或者作曲等领域的研发也在不断推进，它们应用的是随机过程理论。有些研究人员预测，如果自动写作或自动作曲技术进一步发展，终有一天人工智能写的小说也能获得直木奖，谱写的乐曲为现代音乐开拓出崭新天地，或者画出的画作能与毕加索媲美，但我却完全无法理解这种想法。人工智能连语言的含义都不懂，更不可能达到这些水准。在说明原因之前，我先简单地解释一下随机过程。

墨水或牛奶滴入水中之后慢慢扩散，吸烟的人吐出的烟圈在空气中飘浮……这些都是布朗运动。牛奶或烟雾颗粒受到处于热运动状态的介质分子的不规则撞击而随机地运动和扩散。进入 21 世纪之后，这种现象成为数学的重要研究对象之一，形成名为随机过程的研究领域。该领域的研究对象不像苹果从树上落下来时只有一个结果，而是受到偶然因素影响的运动。

下面来看人工智能是如何作曲或写作的。像"do"之后的下一个音符是"re"，"さ"之后的下一个假名是"て"①一样，能确定"下一个"要素是什么的话，就可以套用某个国家程序或函数，属于我们在高中学过的二次函数或三角函数的扩展。但如果无法确定"下一个"是什么，便无法依靠函数，即逻辑继续下去。

遇到这种情况，工学和经济学最常用的方法是从数学类书籍中寻找可用的工具，关键词是"下一个"。"下一个"与时间顺序密切相关，数学领域在处理"下一个"时，首先想到的是"随机过程"。

我们可以想象飞行棋的玩法。玩飞行棋要先掷骰子，按照掷出的点数前进相应的步数。接下来再掷骰子，然后重复这个过程。乐曲的展开方式与此相似。首先决定第一个音符，接着决定下一个音符，之后反复重复。不过下一个音符并不像掷骰子一样完全是随机的，音符随机排列在一起也无法形

---

① "さて"是一个连接词，在前面的内容告一段落时，用来开启下文的另一个话题，在日语中十分常用。

成乐曲。为了谱成乐曲，下一个音符必须遵从某种概率分布，而不是完全随机的。

不过任何教科书里面都没有写着"do 之后的下一个音符"是遵循何种概率分布的。那怎么办呢？只能观察。这是 17 世纪近代科学问世以来的传统，无论是帕斯卡还是牛顿，都是通过观察才有了伟大的发现。

人工智能自动作曲首先要听过去的音乐。不过巴赫和甲壳虫以及冲绳民谣之间的风格相差太大了，都混在一起的话，最后谱出的曲子可能就是四不像了。不同风格乐曲的概率分布可能不同，所以必须先收集同一类型的音乐。

自动作曲

因阿尔法狗一炮走红的英国 DeepMind 公司曾经让人工智能学习浪漫派钢琴曲，应用随机过程自动作曲。该公司也因为被谷歌公司以 4 亿美元高价收购而闻名。在他们的主页上，大家可以听到神经网络学习了浪漫派钢琴曲之后输出的五种"乐曲"，都是 10 秒钟左右。我第一次听到这些曲子，竟然惊讶地笑出了声：一听就是浪漫派的抒情旋律，犹豫不决的渐强和充满戏剧色彩的强标记……我虽然也只是外行看热闹，但毕竟硕士期间也曾经选修过钢琴课。

其实 DeepMind 公司没有让人工智能学习乐谱，而是直接输入音乐。也就是说，无论是霍洛维茨、波利尼，还是阿格里奇，都是作为波形输入计算机的，人工智能只是把所有这些都混在一起，提取出特征量，然后再按照随机过程编排出一个波形而已。这也就难怪我听到的都这么符合斯坦威钢琴的特点了。

过去也有过很多使用随机过程理论自动作曲或者自动写作的研究。尤其是用具有抑扬顿挫和自然停顿的声调来朗读文字的语音合成技术，人们投入了很多力气。我们现在在日常生活中能接触到很多，例如交通工具中的广播通知和在线学习软件中的读音等。过去我们听到这些声音时，一般都能意识到"哦，这是合成的声音"，因为音调或停顿等都会带有一些不太自然的地方。

DeepMind 公司采用与创作浪漫派钢琴曲同样的方法，为语音合成界带来了一场革命。这家公司的官网上有一段演示视频，是自动合成的男声和女声朗读的英语短句。视频中的发音十分流畅，据说英语母语者仔细听的话能辨别出来，但像我这样的日本人则完全分辨不出朗读者是计算机还是真人。想必会有很多语音合成技术的研究人员在听到这个演示的瞬间，会痛苦地发现自己苦心经营多年的研究课题已经无路可走了吧。

暂且忽略不计

那么具体怎样才能使用概念过程理论作曲或者语音合成呢?

我们在初中时都学过概率。例如投一枚硬币,正面朝上的概率是1/2,背面朝上的概率也一样。掷骰子时,掷出 1 和 6 的概率都是 1/6。那么在下周的期中考试里,二班的数学平均分高于一班的概率是多少呢?这就不好说了。距离下周还有一周的时间,我们也不知道一班和二班谁的劲头儿更足,谁会更努力地复习备考。这真让人头疼。那么头疼的时候该怎么办呢?其实科学研究在这种情况下最常用的办法就是暂且忽略不计或者设一个差不多的参数。例如像"劲头儿"这种既无法观测又不能用数值表示的因素就可以忽略不计。或者干脆把"劲头儿"设为五个级别,然后采用自主申报这种不太科学的方法将其作为参数,构建出数理模型,用这种方式来预测。换句话说,这就是把每一个具有自由意志的学生都看作骰子,制定出模型。像我们这些数学家出于伦理观的考虑都不会这么做,但工学研究者或者教育学家们就不知是有意的还是无意的,常把真实世界与概率混为一谈来推动研究。我这么说并不是要贬低工学研究者,如果科学只能在数学家允许的范围内发展的话,今天就既不会有飞机在天上飞,也不会有新干线在地上跑了。为了推动技术发展,工学研究者有时必须有所取舍。

音乐、图形和文章的生成基本上也是遵循这个方针的。

"这首曲子想表达什么心情""这幅画的主题是什么"等问题都与"劲头儿"一样，既无法观测，也不能用数值表示，所以都要暂且忽略不计，只把使"浪漫主义风格钢琴曲"或者"凡·高风格画作"等对象的特征分布与真正的浪漫主义钢琴曲或凡·高画作的分布之间的差距最小作为目标。使差最小是 18 世纪微积分诞生以后最常用的数学工具之一。

就这样，人工智能最后便创造出了让我忍俊不禁的"很像那么回事儿"的旋律。

不过这件事还不止如此。DeepMind 公司的"浪漫主义钢琴曲"提供的 10 秒钟试听确实听着很像，但再听下去就会让人受不了了。因为听音乐的人完全预测不出乐曲的走向，就会越来越烦。让深度学习收集梵高画作进行绘画也有同样的问题，这样的作品在局部上确实很有梵高的风格，但从整体来看却是一团糟，完全看不出画作的主题。2014 年，谷歌将用这种方法生成的"画作"作为深度学习的"梦"公布了出来。

无法观测的"含义"

还有一种观点，认为人们对音乐或绘画的评价都是主观的，如果有人认为人工智能创作的钢琴曲比肖邦的夜曲还要好，我们也无法从逻辑上反驳他。甚至还有更极端的观点，认为既然大多数外行人可能根本判断不出哪个更好，不如干脆就让人工智能来作曲好了。

不过也有一些事物，任何人都明白它是不可能只靠随机过程成立的，这就是语言。人们说话都是有意图的，只有理解其含义才能做出回应，这是不可否认的事实。如果有人一定要说语言沟通其实也只是人们自说自话的自我满足，归根结底跟猴子们互相梳理毛发一样，那我也没有办法，但他总不能说我现在写的这些文字与读者之间也只是没有任何意义的互相梳理毛发吧。语言明显是有含义的，而绝不只是符号的罗列。

但是含义是无法观测的。

我这样说，一定会有一些人工智能研究者奋起反驳：例如根据"桌子上有苹果和铅笔"这句话，如果人工智能确实能合成桌子上放着苹果和铅笔的图像，就说明人工智能理解了这句话的含义。

真是这样吗？那么"太郎喜欢花子"该对应怎样的图像呢？"真是这样吗"这句话呢？还有"那么'太郎喜欢花子'该对应怎样的图像呢"这句话呢？"这怎么可能呢"这句话呢？

越是无法用动作、手势或图示表现的内容才越需要用语言

和文字表达。本书的内容不能做成图画或动画，只看关键词
或者速读也读不懂。我很抱歉这本书让各位读者在百忙之中
花费时间和精力阅读，但只有您一字一句地读下去，看懂每
句话的含义，才能理解我想表达的内容，除此之外别无他法。

"太郎喜欢花子"的含义就是这句话本身，无法替换成其
他内容。即使能够把它转换成"花子被太郎喜欢"[1]的被动句
式或者翻译成"Taro loves Hanako"[2]，也并不等于理解这句话的
含义。至少数学中没有哪种工具能把任何人都能明白的原原
本本的含义传授给人工智能。而正如我反复强调的，人工智
能只是计算机上运行的软件，它从头到脚都是完全由数学构
建的。

果然，我成不了福岛

如果不考虑含义，只靠随机过程生成一句话会怎么样呢？
用智能手机输入转换软件显示的第一个词组成一句话，就能
模拟体验到同样的效果。

首先输入最开始的一个字，这是完全随机的。例如先输入
"や"，我的手机转换栏最先显示的是"やっぱり"（果然），
于是选上这个词。之后手机上又会出现"、"，选了顿号之后

---

① 此句为按照日语直译而来。
② Taro 和 Hanako 分别为"太郎"和"花子"的日语读音。

手机还是显示"、"，看来转换系统中设定的随机过程已经黔
驴技穷了。随机过程需要有契机才能运行，就像最初的一滴
墨水滴进水里，布朗运动才能开始。

那么我们再随机输入一个字，试着输入一个"わ"，接下
来显示的是"私は"（我）①。选择之后，接下来系统显示的是
"福島に"（福岛），大概是因为我这周曾去福岛出差，在手机
上写过类似"私は福島に"（我到福岛）这样的句子。可接下
来，不知道为什么，系统显示的是"ならない"（成不了），
然后就是"。"了。那么最后这句话就成了：

やっぱり、私は福島にならない。

（果然，我成不了福岛。）

可能有些读者会觉得这也太离谱了。但是说不定手机生成
的也有可能是：

やヴうぇおヴぃつじぇいぼわけんし、めりちゃべけおち
ゃうぇうん。②

不论如何，虽然意思不通，但机器总算自动生成了"果
然，我成不了福岛"这句话。无论是标点符号的位置、作
为主语的"我"，还是否定式的用法，都很"顺畅"，跟
DeepMind 生成的浪漫主义钢琴曲和谷歌翻译的"顺畅"程度

---

① 这里的"私は"（わたしは）是手机输入转换软件根据前面输入的"わ"自
动转换出来的。

② 这句话没有实际含义，只是单纯地罗列了一些日语的平假名和片假名。

差不多。实现这一点的，是基于随机过程和统计的语言模型，这种技术极为优秀，具有划时代意义。也可以说，为了实现这种技术，就必须狠心忽略意图或含义等无法观测的内容，故意将概率和统计混为一谈，而数学家往往做不到这一点。

虽然具有划时代意义，但只靠这个技术还是不行，还是考不上东京大学。

机器翻译

雅虎翻译→ ×

苹果的"Siri"、谷歌的"OK Google"和 NTT dokomo 的"shabette concier"在语音识别应答技术领域的竞争不相上下，此外在机器翻译领域，各人工智能相关公司也在激烈角逐。日本有很多人不会讲外语，这种梦寐以求的技术已经有很多人在用了。不过机器翻译虽然能在日常会话或临时翻译中派上用场，但在更为正式的电器产品使用说明、合同或学术论文等方面，还远远没有达到实用水平。

尽管如此，与 20 世纪几乎完全派不上用处的机器翻译相比，进入 2000 年以后，机器翻译的准确度已经有了显著改善。不过其实力应该还远远不够，我曾在 2014 年试过谷歌翻译的准确度。

不要在图书馆前面碰面吗？①

谷歌翻译采用了基于大数据的统计机器翻译技术，它翻译的结果是：

Do not wait in front of the library。（不要在图书馆前面等。）

升学考试中这样翻译的话只能得零分。雅虎翻译在机器翻译领域也很有名，不过2014年前后各翻译软件的准确度都差不太多，估计没人有勇气把自己用日语写的工作邮件用机器翻译成斯瓦西里语发送出去的。还有一个不太能登大雅之堂的例子，我听说有个日本人用谷歌翻译把"明天哪个航班还有剩余座位"译成英语而出糗的②。

在2016年11月上旬，我忽然发现谷歌翻译日译英和英译日的准确度已经有了突飞猛进的提高。当时我和朋友一起写一篇关于机器翻译中的错误的论文。我想在写之前再测试一下谷歌翻译的实力，结果大吃了一惊。因为这时的翻译质量与之前已经不可同日而语了。改善最为明显的不是译文的准确程度，而是它输出的英语更像英语了。

我认为谷歌团队一定是全面引进了深度学习技术。为了研

---

① 此处为原文"図書館の前で待ち合わせしませんか"的直译，日语有时可以用否定形式来委婉地提出建议。
② 日语用汉字"便"来表示"航班"。

究谷歌翻译到底怎样实现如此顺畅的日英翻译，我试着输了
各种各样的日语句子，结果发现了他们的一个缺陷。

我输入的日语是：

"请按白、黑、白、黑、黑、黑、白、白、黑、白、白、
白、黑的顺序按下按钮。"

在 2017 年 10 月 30 日时点，谷歌翻译的结果是：

Press the button in order of white, black, white, black, black,
black, white, white, black, white, white, black.（请按白、黑、白、
黑、黑、黑、白、白、黑、白、白、黑的顺序按下按钮。）

"白"的个数与原文对不上，我隔了一段时间之后又试了
几次，每次都有些微妙的差别。有时翻译对了，但下一次就
又不对了。我由此得出的结论是，谷歌翻译现在采用的方法
应该是继承了 2014 年之前统计机器翻译的弱点。该方法可以
用下面的图来表示。

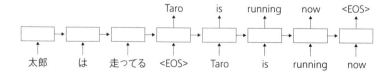

<EOS> 可以看作表示"这句话到此结束"的符号。

下面的内容可能略显专业，没有兴趣的读者可以跳过这一段。首先，依次输入"太郎""は""走ってる"，深度学习会根据前一步隐层和已输入单词计算下一层，在日语输入结束之后应用随机过程依次输出英语单词。输出部分的隐层是根据前一步隐层和已输出的前一个英语单词来计算的。

也就是说，它将"太郎は走ってる"整个作为"材料"，依据语言模型输出应该输出的单词，"材料"用完了，翻译便告结束。但"材料"其实只不过是排在隐层上的最多一千左右个数值序列而已，遇到比较长或者比较复杂的句子，就会变得有些含糊。我和朋友在论文中推测，正是这个原因导致机器翻译弄错了按键的个数。

我上周去了山口和广岛

谷歌翻译等统计机器翻译需要大量平行数据才能实现。因为统计机器翻译既不学习语法和词汇，也不具备常识，只是根据学习过的平行语料库和语言模型输出看上去最准确的词语序列，因此为了提高准确度，就只能依靠增加数据。

输入：私は先週、山口と広島に行った（我上周去了山口和广岛）。①

输出：I went to Yamaguchi and Hiroshima last week.

这个翻译是正确的。不过如果山口其实不是指山口县，而是一位姓山口的朋友呢？那么这样翻译就不对了。实际上，如果输入"私は先週、山際と広島に行った"（我上周和山际去了广岛），谷歌翻译也会输出"I went to Yamagiwa and Hiroshima last week"，这就是机械翻译不理解语言含义所带来的局限。

翻译对话的难度还要更高。因为普通语言与对话的性质完全不同。对话中包含很多疑问句和回答，日语又经常会省略主语。在 2017 年 9 月 17 日时点，谷歌翻译还是会把比较简单的句子翻译错。

输入：How many children do you have?

输出：あなたはどのように多くの子供がありますか？（你是怎样有多个孩子的？）

类似错误有望随着时间的推移得到改进，但最难翻译的可

---

① 日语中"山口"既可以指山口县，也可以指姓山口的人，因此这句的意思也可能是"我上周和山口去了广岛"，而后面例子中的"山际"则只能表示姓山际的人，因为日本没有叫"山际"的地名。

能只是最简单的一句"No"。在 90% 的情况下，"No"都应该翻译成"不对"，但在回答否定疑问句时，"No"必须翻译成"是的"。对现在的机器翻译来说，这恐怕很难。

对全球化社会来说，机器翻译是必不可少的工具。例如假设我们在巴黎的酒店打开电视，发现好像发生了恐怖袭击，但是又听不懂英语和法语。如果这时能马上把播音员的话译成日语，无疑会给我们带来很大帮助。即使翻译得不够顺畅，或者语序不对，也都不是问题，即使碎片信息也是难能可贵的。

这一点对于生活在日本却不会读写日语的外国人来说也是一样的。各地方政府发行的各种书籍、学校的官方网站等不一定都有预算可以翻译成各国语言。日本电视上的双语节目十分有限，即使有一般也只有英语。这时如果能用上机器翻译该多好啊。

不过从完全不考虑词义的机器翻译的现状来看，我觉得它恐怕永远也无法取代人工翻译吧。

东京奥运会能实现多语种语音翻译吗

日本的信息通信研究机构（NICT）正在以东京奥运会为目标开发多语种语音翻译。该系统计划安装在智能手机上，将语音输入的外语翻译成日语，或者将日语翻译成外语。以多语种为对象需要多语种语音识别技术，考虑到语音识别技术目前在智能手机或电脑上已经得到广泛应用，这方面的开发应该没有太大问题。问题在于机器翻译部分。

作为内阁府综合科学技术及创新会议中的系统基础技术研讨会委员，我也应该为 NICT 计划出谋划策。我认为最大的课题不是开发具有划时代意义的算法，而是要确定采用什么方法收集训练数据，以及由谁来承担和管理这项工作。

机器翻译需要的不是单纯的英语或者日语句子，而是平行语料数据，即大量类似"太郎喜欢花子 Taro loves Hanako"的双语数据。数据的量非常关键，100 万对只能算是杯水车薪，最好收集 1000 万对才差不多。关于到底能收集到多少数据，其准确度能否达到实际应用水平等问题，目前包括负责这一项目的研究人员在内，谁也不知道。这种情况下自然也无法制定预算。

当然了，首先可以考虑收集现存所有能用上的双语平行语料。听到"双语"，大家首先都会想到名著的翻译，但考虑到著作权方面的问题，这些资源很难利用。有一些报纸会有部分版面有英语翻译，还有旅游会话集或单句英语会话等实用书应该可以用。采用国际专利的数据库能找到日语、英语和汉语的互译，跨国企业的新闻稿件也可能派上用场，各种产品的在线使用说明应该也可以用。

此外还有维基百科，但好像不太有指望。英语版和日语版的维基百科侧重描述的领域各不相同，作为平行语料所需的重合部分很少，而且英语版的内容未必都是具有足够知识和英语水平的人翻译的，有一些看起来只是粘贴了谷歌翻译的结果。

即使把能找到的平行数据全都收集来，接下来的工作也很难，如果现有数据训练的机器翻译准确度不够，就只能靠人海战术制作新的双语语料了。

NICT 提议聘请专业作家写日语文章，再请专业人员翻译，积少成多地制作双语语料。我担心这样无法达到所需数量，建议他们采用众包模式。例如与文部科学省合作，请被认定为超级国际高中[①]的学生或正在学习英语的成年人作为志愿者来制作平行数据。不过有人反对说这种大规模众包项目必须设立专门的管理机构，成本反而会更高。

此外，众包的过程中还隐藏着意想不到的陷阱。

谷歌拥有来自全球的数量庞大且仍在不断增加的网络数据，基本上也能掌握哪些页面之间是平行的。此外，为了提高翻译准确度，谷歌还大胆地发动普通用户，让所有使用谷歌翻译的人都能为提高翻译准确度贡献力量。我们使用免费谷歌翻译时，可以看到输出框右下方有一个"发送反馈"的按键。如果有人觉得谷歌翻译提供的译文有误，就可以在这

---

① 超级国际高中是由日本文部科学省认定、旨在重点培养能活跃在国际舞台上的人才的学校。

里写上修改译文。

不过，这个旨在提高准确度的链接按键也是一把双刃剑。这是我发现的一个错误，在输入框输入"ぐーぐるほんやく（谷歌翻译）"让它译成英语，输出框显示的却是违禁用语。接着我又输入"やふーほんやく（雅虎翻译）"，结果显示的是"×"。一定是有人恶作剧，故意教谷歌翻译这样译的。

我在推特上写了这件事之后，引发了一阵混乱。没过几个小时，错误翻译就被改了过来，真不愧是谷歌。不过神经网络在训练过程一旦受到污染就很难彻底清除，之后又有人陆续发现在"ぐーぐるほんやく（谷歌翻译）"之后加上一些其他字符，例如输入"ぐーぐるほんやく100"等，还是会得到奇怪的翻译结果。

是像谷歌翻译一样冒着被污染的风险也要追求数量，还是像 NICT 一样手工制作干净的数据，哪种做法才是对的呢？我觉得如果要生产出一种产品去销售，NICT 的做法更合适一些。但当全世界的用户都依赖和喜爱免费的谷歌翻译，并且能够包容这些错误时，收费的机器翻译还会有市场吗？这很难判断。特别是在平行数据极为匮乏的现状之下，通过统计机器翻译制造出能够用于要求准确翻译的国际会议或者商务场合的翻译机，并且要由制造者承担产品责任风险，这恐怕不是个好主意。

图像识别的陷阱

图像识别领域也存在与自然语言处理技术相同的局限。

我在前文描述了第一次看到实时物体识别系统"YOLO"时感到的震惊，不过还不能由此认为人工智能已经拥有了"眼睛"。不错，YOLO确实能以惊人的速度识别和追踪物体，但这是有条件的，它必须提前学习需要检测的对象物体。图像识别系统能从图像中找到"事先学习过的物体"，却无法找到没有学习过的物体，目前还没有方法论能解决这个问题。也就是说，人们尚未发现能在完全不受任何限定的现实情景中识别物体的一般物体识别算法，也没有任何理论能实现这一点。这就是前面也曾提到的框架问题。

除了框架问题，目前的图像识别和语音识别系统要达到实用化，还必须解决两个关键问题。一个问题会在相当于人工智能的眼睛的照相机和相当于耳朵的麦克风等硬件升级时产生。现在，最对人工智能寄予厚望的图像诊断系统就面临着这个风险。

相信很多人都曾在医院做过MRI或钼靶检查，医生会对照胶片告诉我们"很干净，不用担心"或者"这有个肿瘤，复查一下吧"。一般人既不会觉得胶片"干净"，也看不出肿瘤在哪，大家肯定都觉得"既然医生这么说，那应该就是这样的吧"。这也就是说，照相机作为硬件的性能其实还有待提高。

强化学习之外的机器学习首先都需要训练数据，教会人工智能"这样的图像是正常的"或者"这张图像的这个地方能看到癌"，训练数据是由人制作的。这些图像都是由数字，即像素值矩阵组成的。每当图像清晰度提高，或者规格有所改变，为了跟上硬件的"视力提高"，训练数据都必须从头开始全部重来。这一点我已经向多位奋战在图像识别和语音识别最前线的杰出研究人员直接确认过，所以不会错。

MRI 等图像诊断系统的硬件仍然有待提高，现在的情况是医生能看到"很干净"，患者却一头雾水，其终极目标是把病灶用更高清晰度显示出来，就像肉眼直接看到的一样。也就是说，只要出现了性能更好的硬件，迄今为止的所有训练数据就都作废了。

因此，企业等在讨论是否引进图像识别或语音识别等采用照相机或麦克风作为输入方式的人工智能时，必须考虑到每次更换硬件，训练数据就必须全部重做这一点。也就是说，必须认识到，除了更换硬件，还得投入经费重做训练数据。

还有一个问题是安全问题。前一章介绍了机器学习和深度学习最先在图像领域取得进步的原因。不同于自然语言，图像的整体是由局部以比较简单的方式组合而成的，这个特点有时也会带来问题。

我们可以用高性能的物体检测系统做一个实验。正如第 1

章介绍的，整体图像是局部之和，这是图像识别技术的前提。只要像草莓的特征足够多，就可以判定为草莓。对普通的照片来说，这种方法没有问题。但如果反过来利用这一点，对图像做一些手脚呢？比如说肉眼无法分辨的细微手脚。这样一来，就连 YOLO 这样的高性能系统也会措手不及，把所有的图像都判定为"是草莓"。

很多深度学习的科普书都会说深度学习会用多个层级识别眼睛或鼻子等局部，在此基础上综合判断对象图像是人脸还是猫。如果真是这样的话，就不会出现前面所说的误判了。实际上，这些系统不过是根据每个像素的位置、颜色和辉度等特征之和来判定而已，很难防范人为的手脚。无论深度学习如何进步，从理论上来看都无法对抗恶意的图像篡改。

现在出现了应用图像识别技术，引进人脸认证来代替钥匙的动向，这其中就潜藏着上述风险。

奇点不会到来

人工智能不是浪漫情怀

人工智能不是浪漫传说，而是和微波炉一样，是一种技术。所有技术都有其潜力和局限，过去的创新莫不如此，人工智能也不是例外。因此，我们必须通过亲身体验，了解其能力与局限是如何微妙共存的。IBM 技术团队正因为曾经在 2011 年开发沃森时深有体会，所以才知道人工智能在 2021 年之前不可能通过日本的高考考上顶级大学。

科学和技术能把"说不清楚怎么回事儿，反正很难"的问题用数学的语言表达出来加以说明。不过对于无法语言化的问题，人们有时也需要经过亲身体验才能把它牢牢记住。而后者往往比前者更重要。

"物理学中的自然其实是将自然扭曲之后得出的不自然的产物，其本质即通过这个产物，再次返归自然。但是事物当中一定也有一些方面是无法用这种方法来掌握的。科学的方法就像通过动画观察物体的运动，把无限的连续过程归纳在有限的画面当中，而画家则是用其他方法来表现运动的。我们养成了一种坏习惯，不把事物归纳为有限的概念，就无法思考。然而这样终归只是勉强归纳，并非事物本来的面貌。"

这是诺贝尔物理学奖获得者朝永振一郎早年在德国留学时写在日记中的一段。

经过语言化、数值化和测量，构建出数理模型，这就是"勉强归纳"。只有那些既有能力去归纳，但同时也能体会到丰富多彩的个性的缺失所带来的痛楚的人，才能成为一流的科学家和技术人员。

沃森解答的事实型问题与普通的提问有什么不同？普通的提问与高考中心考试有什么不同？解答中心考试的试题与

智能的本质区别是什么？物体检测与图像识别有什么不同？图像识别与"看"有哪些不同？我们必须首先忽略这些区别才能构建出数理模型。如果只拘泥于这些区别而无法迈出第一步，我们便创造不出任何科学和技术。但另一方面，如果缺乏感受力和责任感，无法正确领会数理模型与现实之间的区别，人们就会忽视重大的风险，还会误判社会接受度，投资一些卖不出去的产品或服务。对人工智能的过度期待蒙蔽了人们领悟区别的敏锐感受力，如果不能冷静而公正地洞悉"相像"和"不相像"，便无法创造出像样的技术。

对科学的局限保持虚心

还有一点是我作为科学家随时铭记在心的，那就是不要盲信科学，要对科学的局限保持虚心。

前面说到，即使用上超级计算机也无法进一步提高东大机器人的成绩，但在气象模拟等领域，超级计算机却能发挥重要作用。

日本经常会发生地震、火山爆发或台风等自然灾害。要想根据大量观测数据做到实时预测和预报，超级计算机必不可少。20年前，谁也不会想到每周天气预报能如此准确。过去，天气预报经常遭到抱怨，有人说它的准确度和扔一只拖鞋，正面朝上就是晴，鞋底朝上就是雨的年代没有太大区别。

而现在呢？所有人都要在电视或手机上查看天气预报之后再决定穿什么衣服出门或者要不要带伞。特别是 2014 年气象卫星向日葵 8 号投入使用之后，天气预报的准确度又得到了进一步提高。

向日葵 8 号上搭载了辐射计，拥有最先进的观测技术。它是日本早于美国和欧洲率先采用的新一代静止气象卫星，清晰度比之前的向日葵号有了大幅提升，在国际上也备受瞩目。与向日葵 7 号相比，它的图像能生动顺畅地反映出云的形成过程等，其清晰程度就像人们乘坐宇宙飞船亲眼看到了地球的景象一样。

向日葵 8 号升空约一年半之后，在 2016 年 11 月 22 日早晨 5 点 59 分，日本发生了一次东日本大地震的余震。此时距离东日本大地震已经过了 5 年 8 个月，震源在福岛县海岸，这里之前也曾多次发生余震。福岛县中路和福岛县滨海路等地观测到的地震强度不到五级，气象厅立即开始研究是否会引发海啸。早晨 6 点 2 分，宫城县等地发布了海啸预警，预测波高 0.2~1 米时需要发布预警。然而，地震发生约 2 小时之后，上午 8 点 3 分时到达仙台港的海啸高度为 1.4 米，而预测波高为 1~3 米时应该发布警报，因此海啸到达以后，气象厅又上演了一出临时将预警紧急改为警报的闹剧。

2011 年发生东日本大地震时，气象厅正是因为最初预测的海啸规模过小，才被指责扩大了人员伤亡，因此应该已经吸取了最惨痛的教训。因为预计会长期持续出现余震，他们增设了传感器，对海底地形的测量也做得更为周密，此外还发射了最新的向日葵号，超级计算机当然也是最新型的。

尽管如此，预测仍然出现了失误。

难道是因为程序出现了差错吗？好像并不是。

发生地震后要推算震源和深度，这种技术早已成熟。只要在多个地点观测 S 波和 P 波，就可以倒推出震源位置，这是其基本原理，高中物理课就会学到。震源传递出地震波，地震波也是高中物理学的基本物理现象。当然，地震波会受到海底地形或涨潮落潮的影响，这些也都是最基本的物理现象，是物理现象就意味着可以通过计算预测出来。

此次事例并不是要预测未来的地震，而是预测已经发生的地震在 2 小时之后引起的海啸波高，但气象厅连这都预测错了，而且还是在把东日本大地震的教训铭记在心、改进装备，不断钻研，已经尽了最大努力的情况下。

我并不是要批评气象厅，我想说的是，即使是高中物理课就会学到的最基本的物理现象，人们也未必能完全掌握或者预测。这就是科学的现状。我们必须虚心面对这个事实。无论人们的需求多么迫切，无论社会如何寄予厚望，只要时机还没有成熟，科学就不会向前前进。

无法转换成逻辑、概率和统计意味着什么

最近，"奇点"一词似乎成了时代的宠儿。不少人就像 20 世纪 60 年代人们兴致勃勃地翘首期盼人类登月的成功一样期望着奇点到来的那一天。统率谷歌人工智能研发的未来学家雷·库兹韦尔被日文版维基百科誉为"人工智能研究领域的世界权威"，他宣称真正意义上的人工智能将在 2029 年问世，在 2045 年，1000 美元的计算机就能超出全人类智能加在一起的水平。难怪有很多人会信以为真。不过我觉得他这段话的有效期最多也就还有两年吧。

日本企业都非常热衷于学习，我每年都要到企业或者各种研讨会演讲五十次左右。两年前，无论去哪儿都有人提问"奇点会到来吗"，让我非常无奈。我甚至开始担心，日本企业这么天真，要怎样才能生存下去。大约有一年的时间，我拼命研读各种论文，收集数据，测试形形色色的人工智能技术，分析各种错误。然后我反复问自己：制造业企业或需要凭信誉立足的企业真的会引进这种技术吗？

正如前面介绍的，谷歌和 Facebook 等企业都是通过提供免费服务成长起来的，他们投资人工智能领域有着明确的理由。安全攻击、指数函数式膨胀的用户之间的关系分析、人们对 SNS 服务传播诽谤中伤或者虚假报道的严厉指责、保护隐私或要求"被忘却的权利"的需求……如果不想投入过多

人力来解决这些问题，并且还要为了抓住用户而不断推出新的免费服务，就必须不断发展人工智能技术。

为此需要投入大量资金，最好的办法就是让更多的人，或者最好是企业来付费使用他们使用的服务器群集。除此之外，他们的收益来源基本上就是广告收入。有消息称谷歌看上去似乎不想自己销售谷歌汽车，这就是一个证据，谷歌只需将自动驾驶汽车所需的图像识别平台销售给各汽车厂商，自己则不用承担制造者责任。

还有一个值得关注的动向，谷歌一直以来免费公开了各种人工智能技术，TensorFlow（深度学习软件库）就是其中的典型代表。正如前面介绍的，YOLO 也是免费公开的。2017 年 10 月，IBM 终于也决定要免费提供沃森服务了。

这到底是为什么呢？

其实，所有这些走在人工智能前沿的企业都已经发现，人工智能不可能像微软的操作系统一样通过打包销售来获得利润。也就是说，日本通过制造新一代超级计算机、引发奇点再次成为世界经济霸主的模式，已经比浪漫情怀或者凭空幻想更不着边际了。

只要计算机依旧是只能运用数学语言运行，那么在可预见的未来，奇点就不会到来。我这么说可能会被人批评"没有梦想"或者"不懂情怀"，但是对于不会到来的事物我只能说不会到来。

数学家都是浪漫主义者，他们能够以一颗平常心去挑战几百年来都没人解得出来的问题。对数学家来说，自己在有生之年都解不出这道题也是理所当然的。正因为如此，数学家不会拿别人的钱财去追求自己的情怀。因为他们认为不应该为了自己的情怀就把别人卷入其中。

在我们国家，真正需要花费资金和人力解决的问题堆积如山。在这种甚至可以说是国难当头之际，为什么非要投资给奇点这种浪漫的情怀，我实在不能理解。

在第 1 章的开头，我对人工智能和奇点做了严格的定义。本书所说的"人工智能"其实是人工智能技术，而"真正意义上的人工智能"才表示"与人类平均智能水平相当的智能"。此外，我说的奇点并不是"人工智能在某个领域超越人类"等含糊的时点，而是指"真正意义上的人工智能"创造出超越其自身能力的人工智能的时点。

我认为奇点不会到来，是因为依靠现有人工智能的扩展，或者说依靠现有数学，是不可能产生"真正意义上的人工智能"的。

正如本章详细说明的，无论人工智能发展得多么复杂，即使搭载了远远优于现有水平的深度学习制成的软件，它归根结底也只不过是计算机。计算机能做的只有计算，而计算就意味着要把认知或者事物改写成算式。

也就是说，如果"真正意义上的人工智能"获得了与人类同等的智能，就意味着我们无论是有意识还是无意识地认知的事物全都能转换成可计算的算式。然而，目前只有能用逻辑、统计或概率表示的事物才能写成算式。我们的认知并不能都转换成逻辑、统计和概率。

正如脑科学很久之前就发现的，人类的大脑系统似乎确实属于某种电路。电路意味着能还原为只有 on 或 off、也就是只有 0 或 1 的世界，大脑的基本原理也许与计算机相同，这可能也是人们期待"真正意义上的人工智能"或者"奇点的到来"的原因。不过，即使原理相同，大脑是怎样将我们认知到的事物转换成"0"和"1"的还不清楚。只要人们没有弄清这一点并将其转换成算式，"真正意义上的人工智能"就不可能问世，奇点也不会到来。

不过，奇点不会到来难道不是好事吗？因为这意味着我们人类仍旧可以大有作为。

接下来的问题就是，在现今社会上，究竟有多少比例的人不会被只不过是计算机而已的人工智能取代。下一章将详细介绍这个问题。

第 3 章

你能读懂课本吗

——全国阅读理解能力调查

你能胜任"人工智能做不了的工作"吗

今后要靠沟通能力

在不远的将来，对很多由蓝领甚至部分白领承担的工作来说，人工智能都有可能成为人类的强劲对手，这一点在第1章已经说过。之后第2章介绍了，人工智能并非万能，至少在我们以及我们的孩子的有生之年，还不会出现所有工作都被人工智能抢走的情况。也就是说，在即将来临的社会，我们不得不与人工智能共存，它们可能会迫使半数劳动者面临失业的危机。

有些人对未来的预测非常乐观，他们认为让人工智能承担力所能及的工作，人工智能无法胜任的工作就交给人类来负责好了。他们认为人工智能能协助我们提高生产率，说不定人类以后就不用再工作那么长的时间也能过上富足生活了。很抱歉我无法为大家描绘类似的美好梦境或浪漫故事，我预测的未来图景与此实在相差甚远。

要想借助人工智能减轻人类的工作负担，让我们能讴歌灿烂的明天，这需要一个大前提，就是大多数人必须能承担人工智能无法胜任的工作。那么人工智能无法胜任的工作，人类能做得了吗？问题就在这里。

第 2 章介绍过，有很多事情人工智能不擅长，但对人类来说却易如反掌。例如我那不成器的孩子东大机器人，它怎么也弄不懂"前两天我去了冈山和广岛"和"前两天我和冈田去了广岛"之间的区别①，这就是当今的人工智能的水平。不过，在工作方面呢？人工智能无法胜任的工作，对很多人来说仍旧是易如反掌吗？

我们再看一遍牛津大学研究团队的预测。表 3-1 是 10~20年之后仍然存在的工作。第一名：休闲治疗师；第 2 名：设备维护、安装、检修等一线监督人员；第 3 名：危机管理责任人员；第 4 名：与心理健康、药物相关的社会工作者；第 5 名：听觉训练师；第 6 名：作业疗法治疗师……

怎么样？有您能做的工作吗？我想肯定会有。所以您松了一口气吗？不过也别高兴得太早了。对我们每个人来说，清单里有没有自己能做的工作当然至关重要，但对社会来说却并非如此。对社会来说，最重要的是大部分被人工智能夺走饭碗的人能不能改为从事清单上列出的工作或者人工智能新创造出来的、只有人类才能胜任的工作。否则，有很多人失业的话，社会就会一片混乱，也有可能影响本来没有失业的

---

① 这个例子与第 2 章 111 页例子道理相同，"冈山"既可能是人名，也可能指地名，而"冈田"则只能是人名，因此这两句话虽然日语的形式相同，但含义不完全相同，翻译成汉语或英文也不相同。

表 3-1 今后 10~20 年仍然存在的职业

1	休闲治疗师
2	设备维护、安装、检修等一线监督人员
3	危机管理责任人员
4	与心理健康、药物相关的社会工作者
5	听觉训练师
6	作业疗法治疗师
7	牙科正畸师、义齿技师
8	医疗社会工作者
9	口腔外科医生
10	消防、防灾的一线监督人员
11	营养师
12	住宿设施经理人
13	舞蹈设计师
14	销售工程师
15	内科医生、外科医生
16	教育协调员
17	心理学专家
18	警察、刑侦的一线监督人员
19	牙科医生
20	小学教师（特殊教育除外）
21	医学专家（流行病学家除外）
22	中小学教育管理人员
23	足病医生
24	临床心理学家、心理咨询师、学校心理咨询室
25	心理健康咨询师

数据来源：松尾丰《人工智能狂潮》

原始数据来源：C. B. Frey and M. A. Osborne, "The Future of Employment : How Susceptible are Jobs to Computerisation?" September 17, 2013.

人。如果可支配收入的中间值急剧下降，人们便无法像过去一样购买产品或服务，那么就有可能波及西点师或美容师等本来没有受到影响的人。所以，谁都不能掉以轻心，我说别高兴得太早了就是这个原因。

我们可以发现，这些"幸存的职业"有一个共同点，即很多都是需要沟通力或理解力的工作，或者类似护理或给稻田除草等需要灵活判断力的体力劳动。这些工作既然都是人工智能无法取代的，自然都属于人工智能所不擅长的领域。也就是说，都是需要高度的阅读理解能力和常识，或者人类特有的灵活判断的领域。

具体地说，人工智能的弱点是必须学习一万个才能学会一个，不会变通应用，缺乏灵活性，只能在给定的（有限）框架内进行计算处理。正如我反复强调的，人工智能无法理解语言的含义。因此，反过来说，只要具备举一反三的能力、灵活变通的能力、不被框架所限的创造力等，人工智能就不足为惧。

那么，生活在现代社会的我们大多数人是否充分具备胜任这些工作所需的阅读理解能力和常识、灵活性和创造力呢？虽然没有常识的人越来越多，不过只要不是大多数人都认同的就不能算作常识，所以暂且也可以假定大多数人都具备常识，能在无意识中做出人类应有的理性判断。那么剩下的问题就是基于阅读理解能力的沟通能力和理解能力了。

不只日本人如此

前言也曾提到，我的结论是日本初中生和高中生的阅读理解能力堪忧，很多人都看不懂初中课本的内容。请大家不要觉得中学生的问题与自己无关。阅读理解能力等基本素养几乎都是在高中毕业之前培养的。如果成年之后接受特殊训练，阅读理解也可以得到飞跃性提高，但这种情况很少。日本的教育体系虽然一直在随着时代的变化不断做出小范围调整，但其整体框架并没有变，现在的中学生的能力并没有比前一辈人突然低了很多。也就是说，可以毫不夸张地说，中学生的阅读理解能力堪忧，就等于大多数日本人的阅读理解能力也堪忧。

而且，这也并不是日本人特有的问题。因为 OECD 会以各成员国或地区的 15 岁学生（相当于完成了义务教育）为对象，每隔三年实施一次学习达成度测评，日本学生的"阅读理解"成绩在过去三次测评中都连续进入了前十名。日本学生的阅读理解能力在全球其实处于优秀水平。您想知道具体排多少名？2009 年第 8 名、2012 年第 4 名、2015 年第 8 名，日本中学生的能力并不差。2015 年的第一名是新加坡，中国香港、中国台湾和韩国也经常排进前十名，亚洲各国水平都很高。此外，除了阅读理解能力，测评还包括数学和科学两个方面，日本从 2000 年第一次测评起已经连续六次进入前十名。不过也不能过于相信这个数值。日本是全球罕见的移民很少的国家，在日本出生、以日语为母语的孩子比例极高。与德国或法国等移民较多的国家相比，日本学生阅读理解能力高一些也是理所当然的。

一定有很多人难以相信，日本中学生明明处于世界顶级水平，怎么会阅读理解能力堪忧呢？为了解答大家的疑惑，这一章将详细汇报我们实施的"基础阅读理解能力调查"的情况。这些内容都是在日本首次公开。

是没学好数学还是没读懂问题
——大学生数学能力基本测评

鸡同鸭讲的对话

东大机器人项目始于 2011 年，同一年我还作为日本数学协会的教育委员长组织了"大学生数学能力基本测评"工作。我们对 6000 多名大学生的数学能力展开调查，获得了涵盖国立、公立和私立的全国 48 所大学 90 个班级的协助。调查对象大多是刚刚通过高考的大一学生，他们不太好说"我已经把高考数学都忘了"。我们将各大学的各个专业按照倍乐生公司提供的领域分类方法和偏差值高低分为不同级别（国立和公立大学分为 S、A、B 级，私立大学分为 S、A、B、C 级）进行分析。题目一共有五道题。

说到数学能力测评，可能很多读者想到的是需要三角函数、微积分等高难度数学知识的考试，但此次测评并非如此。我们想了解的是学生们是否为在大学进一步深入学习做好了准备，他们中有多少人能看懂大学第一年的经济学、护理学等课本。

例如下面的试题：

> 问题：奇数和偶数相加，会得到什么答案？请从下面选项中选出正确答案画〇，并说明理由。
>
> （a）总是一定会得到偶数。
>
> （b）总是一定会得到奇数。
>
> （c）有时是奇数，有时是偶数。

正确答案当然是（b）总是一定会得到奇数。不过只选了这个选项并不能得分，还必须得说明"理由"。

如果学生能写出以下内容就可以得分：

> 假设 m 和 n 为整数，偶数和奇数分别可以表示为 2m 和 2n+1。那么这两个整数之和为
>
> $2m+（2n+1）=2（m+n）+1$
>
> 因为 m+n 为整数，所以该结果为奇数。

即使放宽评分标准，这道题的正确率也只有 34%。是不是难以置信？本次测评的对象主要是刚刚参加过高考的大学生，他们前不久还在反复练习三角函数和微积分等难度更高的习题。可能有人会说"有些文科生高考可以不选数学"，那么所有理科生的正确率是多少呢？是 46.4%，竟然还不到一半。

最典型的错误回答是用 2n 表示偶数，再用同一个变量 n 将奇数表示为 2n+1，然后因为 2n+（2n+1）= 4n+1，所以结果是奇数。这样只能证明 2+3 或者 10+11 等连续的偶数和奇数之和是奇数，所以是错的。

可能有不少读者因为自己也犯了同样的错误而同情学生的，但对理工科学生来说，这是致命的错误。只有这种水平肯定读不懂关于深度学习的论文。

测评的评分工作没有外包，所有 6000 份答卷都是由 12 名数学家利用暑假时间，用了整整三天时间亲自封闭阅卷的。此外，打分也是在由三个人确定评分标准的基础上，再通过合议制进行的。您奇怪我们为什么要选这种效率低下的方法吗？这是因为我们数学家认为，只有数学家才能对数学答卷做出真正意义上的评分，再说每年高考也都是这样评分的。

在这个过程中，我们看到了很多"严重错误"。

例 1：

与 2+1=3，4+5=9 同理。

这种类型的答题者没有搞懂举例与证明的区别。

例 2：

我试过所有计算，结果都是这样。

"奇数 + 偶数"有无数个，不可能有人能试过所有计算。可能大家会觉得这种答案只是答题人开玩笑写的。但事实并非如此。在评分之前，我们就决定要排除所有非认真作答的答案。在这个"我试过所有计算，结果都是这样"的回答旁边，其实密密麻麻地写满了各种偶数加奇数的算式，而且答题人还做了标记来确认每个得数都是奇数。

例 3：

（1）为了让偶数变成奇数，不能再加上一个偶数，只能加上奇数。

（2）加上偶数不会影响和的奇偶，因此奇数加上偶数总是一定会得到奇数。

还有很多答案与此类似，都是直接把问题重复一遍的同义反复。不过最令我们吃惊的是下一种类型的回答。

例4：因为正如三角形加上三角形可以变成正方形一样，正方形加上三角形不能变成正方形。

这种答题者没弄懂打比方和证明的区别。当然我们也曾经怀疑这是不是有人故意搞笑，但根据答案的下笔力度和认真程度以及该答题者对其他问题和问卷调查的回答来看，只能得出他是在认真答题的结论。

我们按照偏差值高低将私立大学分为S、A、B、C四级，B级和C级的文科生和理科生中有1/3以上的答案属于类似例1～例4的"严重错误"。另一方面，在国立大学的S等级当中，不论文科还是理科，都几乎没有人这样回答。图3-1显示了国立和公立大学S、A、B级，私立大学S、A、B、C级中，不同等级答题者中"正确＋接近正确""典型错误""严重错误"和"白卷"的比例情况。

只有国立大学S等级的曲线与其他曲线截然不同。当然，东京大学或京都大学的入学考试不会考这么简单的问题，包括私立大学的B级和C级在内，恐怕哪个大学都不会考这种问题吧。但面对如此简单的问题，结果居然会有这么明显的差距。

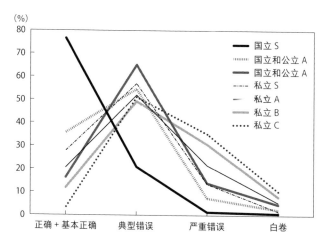

图 3-1　第 135 页测试题的答案分类

从那以后，我就把这道题叫作"左右人生的问题"。

我把这个情况写成了报告，网上便有很多人指责我，说这是"数学家在'打压宽松世代①'"。其实这是误会，我不会闲得为了批评宽松教育，或者为了贬低学生去实施这么费时费力的测评。

可能会有读者怀疑这项测评结果不计入成绩，因此很多学生并没有认真回答。大家这样猜测也很正常，但据我判断，大多数学生还是认真配合的。就像前面说的，此次答题方式均为手写，所以我们阅卷时基本上能判断出答题者是否认真

①　宽松教育指日本从 1980 年开始（狭义指从 2002 年开始），到 21 世纪 10 年代初期实施的旨在营造宽松的校园氛围的教育。根据前后文背景，此处的宽松世代应该指根据 2002 年实施的学习指导纲要接受小学或初中教育的一代人。

作答。此外，我也能拿出科学的根据，因为只要学生所属大学偏差值与得分是相关的，便能在一定程度上断定大部分学生都是认真的。

我们决定实施"大学生数学能力基本测评"，是因为有很多大学老师深感学生能力太低。在日本，即使是获得有数学界诺贝尔奖之称的菲尔兹奖的数学家，只要在大学工作就必须每年参加入学考试的出题和阅卷工作，也必须参与大学一二年级学生作为基础素养科目的数学授课（相比之下，教育学系或工学系的大部分老师则一般不用参与出题、阅卷和基础素养学科的授课）。在这些过程中，他们感到无法与学生基于逻辑进行沟通，或者无法与学生展开问答对话的情况越来越多。很多老师都有这种体会，我们感到应该准确把握真实情况，所以才决定实施本次调查的。

如果一个学生无法基于逻辑与他人对话，那么他即使考上大学，大学能传授给他的也将极为有限。在这种情况下，学生也很难有很多收获。有些学生是靠贷款交学费的，而这样对他来说，上大学就是得不偿失。受到损失的是学生，我们不能对此视而不见。希望社会能了解到这些情况，这就是本次测评的动机。

我再介绍一道选择题。

问题：根据下面的文章，能够确定是正确的选项画○，其他的画 ×。

孩子们聚在公园里，男孩女孩都有。仔细看可以发现，没戴帽子的都是女孩，而且没有一个男孩是穿着平板鞋的。

（1）男孩都戴着帽子。

（2）没有戴着帽子的女孩。

（3）没有既戴着帽子又穿着平板运动鞋的孩子。

正确答案只有（1）。

根据问题中"没戴帽子的都是女孩"这句话可以得知"男孩都戴着帽子"，因此（1）是正确的。文中并没有说"所有女孩都没戴帽子"，也就是说，这一点不确定，因此（2）是 ×。此外，根据"没有一个男孩是穿着平板鞋的"这句话，不能排除有"既戴着帽子又穿着平板运动鞋的孩子"的可能性，所以（3）的答案也是 ×。

这道题的正确率是 64.5%。这道题不涉及任何高考要考查的技能，但国立大学 S 等级的正确率是 85%，私立大学 C 等级的正确率还不到 50%。至于深受很多高中生青睐的私立大学 S 等级，他们的正确率是 66.8%，比国立大学 S 等级低将近 20 个百分点。看着 6000 份答卷，我愈发确信，决定考生能考上什么大学的，不是学习量和知识量，也不是运气，而是他是否具有依据逻辑进行阅读和推理的能力。

全国 2.5 万人的基础阅读理解能力大调查

脚踏实地的调查

继大学生数学能力基本测评之后，我对学生的基本阅读理解能力产生了怀疑。说到阅读理解能力，可能很多人会联想到阅读谷崎润一郎或川端康成的小说或者小林秀雄的评论，领会作者的观点或隐藏在字里行间的真意等，不过我说的不是这种阅读理解能力。我说的是按照词典的释义理解文章含义和内容，即最普通意义上的阅读理解能力。我怀疑很多大学生根本没有读懂数学基本测评的试题。

在初中课堂上，除了十分难懂的小说或议论文，社会和理科等科目都默认学生读了课本就能理解其含义，否则老师就没法上课了。至少在负责教育行政工作的文部科学省官员、审定高等教育方针的名牌大学校长或经济界权威人士当中，是没有人怀疑这一点的。但我却对大家深信不疑的"谁都能读懂课本"这个前提产生了怀疑。

我希望有更多人了解这个情况，不过之前实施的是关于大学生数学能力的基本测评，虽然我确信正确率较低的原因之一就是阅读理解能力不够，但这还只是我的推测。要想让更多人了解这个情况，就不能把推测当作依据。我开始思索怎样才能更准确地说明这个问题，答案很简单，就是脚踏实地地调查。决定了就立即行动，于是我又开始调查中学生的基础阅读理解能力。

根据东大机器人的学习过程开发阅读技能测试

说是调查基础阅读理解能力，但全世界还没有任何人做过类似工作，也没有现成的方法可用。因此，我们自主研发出了一套评估基础阅读理解能力的阅读技能测试（RST）。

我们拥有方法论，因为之前一直与计算机和语言学专家们一起努力考虑怎样才能让东大机器人拥有阅读理解能力。

人工智能要从逻辑上读懂文章，首先必须知道如何断句，也就是必须能读懂短语。做到这一点之后，它还必须理解主语和谓语之间"谁怎么了"的关系以及修饰词与核心词之间的关系，这个过程叫作"依存分析"（下文简称"依存"）。例如在"我喜欢吃意大利面"这个句子当中，"我"和"喜欢"之间就是依存关系，"我"是主语，"喜欢"是支配词。此外，句子中经常会出现"这个""那个"等指示代词，必须理解指示代词所指代的对象，这叫作"指代消解"（下文简称"指代"）。只要弄懂了短语、依存和指代，就能读懂简单的句子了。可能大家对"指代"和"依存"比较陌生，这两个词在后文会反复出现，所以请大家一定记住。

自然语言处理研究人员会制定依存分析和指代消解的参照基准，通过人工智能的解答来评价其性能。在依存分析方面，不同领域略有差别，一般能达到80%左右的精度。参照这个基准制定以人为对象的测试，就能评估出答题者的基础阅读理解能力。

自然语言处理领域有很多关于依存和指代的研究。但尽管人们研究了这么多年，同义句判定的精度却一直没有提高。同义句判定就是对比两句话，判断其含义是否相同。能做到这一步的话，人工智能就有可能用于入学考试的主观题的自动评分了。因为只要对比参考答案和学生的答案就可以了。这方面的研究一直有人在做，却迟迟未见进展。

此外，我们还设计了推理、图形同定和实例同定题型，这些都是不理解语义、受限于框架问题的人工智能无法掌握，也就是人类有可能获胜的重要领域。

"推理"指在读懂句子结构的基础上，运用生活经验、常识及各种知识来理解文章含义的能力。"图形同定"指对比文章和图表，判断其内容是否一致的能力。"实例同定"指根据定义，找出与之相符的实例的能力。定义包括日语词典定义和数学定义两种。在推理、图形同定和实例同定这三个领域，无法理解语义的人工智能都不堪一击。

我们运用培养人工智能阅读理解能力及分析错误过程中的积累，研发出 RST 来测试人们的基础阅读能力。

RST 由六个部分组成，分别是人工智能正确回答率超过80% 的"依存"、最近研究势头正猛的"指代"、对人工智能来说仍然比较难的"同义句判定"和人工智能完全无法胜任的"推理""图形同定"及"实例同定（词典和数学）"。我们使用东京书籍出版社除英语和语文之外的高中和初中课本，《每日新闻》《东京中日新闻》和《读卖新闻》这三份报纸的科普版面和面向中小学生的报道等，在每个领域分别制作了几百道测试题，以上出版社和各报社都授权我们使用他们的内容。

之所以采用课本和报纸的内容制作测试题，是因为我们决定，在评估阅读理解能力时，应该从答题人读不懂就会蒙受损失的题材中出题。其典型代表是课本，读不懂课本明显会对学生的中考或高考带来不利影响。同样，读不懂报纸也无法了解世间动向。我们认为看懂这类题材的阅读理解能力最为重要，因此选择教材和报纸作为试题题材。

测试基本上使用电脑或平板电脑实施，而不再用纸笔作答。由于测试题与以往测试类型完全不同，为了避免学生不知如何作答，每个领域在正式答题之前都会先显示例题和正确答案，确保学生明白了解题方法之后再进入测试。

RST 还有一个不同于其他测试的特点，即并非所有人都回答相同试题。演示完例题，电脑会自动从几百道候选中随机选择显示哪道试题。学生作答之后，再次随机显示下一道，直到每个领域设定的时间结束为止。可能有的答题者回答了20道题，而有的人只做了5道题。诊断基础阅读理解能力时也会参考这个情况。

找到愿意配合的学校或企业、团体，我们便随时测试，不断积累。在一年半的时间里，我们对埼玉县户田市的所有初中生和小学六年级学生、福岛县和北海道的教育委员会，还有我曾演讲过的10所高中和一些上市企业等共2万人进行了测试。去年（2016年）我们获得文部科学省的协助，作为从2019年开始实施试行调查的"高中生学习基础诊断"中的一环，对5000人进行了测试。目前收集到了25 000人的数据，今后还将继续扩大调查规模。

例题介绍

为了让大家对测试有个具体印象，下面介绍一些RST的例题。①

----

① 为了体现RST的原貌，以下各试题题目尽可能按照日语原文逐字翻译，但对于实在不符合汉语表达习惯的地方，则用括号的形式补充出了日语里省略的部分，或对语序稍作了调整。

［例题 1　依存］
请阅读下文。

（人们）推测，在银河系的中心，有一个质量为太阳的 400 万倍的黑洞。

根据这句话，选择一个最适合填入下文括号中的选项。

人们推测银河系中心有（　　　）。
①银河　②银河系　③黑洞　④太阳

（答案　③黑洞）

［例题 2　指代］
请阅读下文。

火星上有可能存在生命。（人们）找到了那里曾有过大量淡水的证据，现在其地下也有可能有水。

根据这句话，选择一个最适合填入下文括号中的选项。

找到了那里曾有过大量淡水证据的是（　　　）。
①火星　②可能性　③地下　④生命

（答案　①火星）

[例题 3 同义句判定]
请阅读下文。

义经把平氏赶入绝境，最终在坛浦（将其）消灭。

这句话与下面这句话表达的内容相同吗？请从"相同""不同"中选出答案。

平氏被义经赶入绝境，最终在坛浦被消灭。
① 相同 ② 不同

（答案 ① 相同）

[例题 4 推理]
请阅读下文。

喜马拉雅山是世界上最高的山。

如果这句话是正确的，那么下面这句话是正确的吗？请从"正确""错误""无法判断"中选出答案。

阿尔卑斯山比喜马拉雅山低。

① 正确　② 错误　③ 无法判断

（答案　① 正确）

［例题 5　图形固定］
选出所有能正确表示下面这句话的图形。

四边形里面有（一个）被涂成黑色的圆。

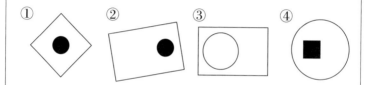

（答案　① ②）

［例题 6　实例固定］
请阅读下文。

能被 2 整除的数叫作偶数。不是这样的数叫作奇数。

请选出所有偶数。

① 65　② 8　③ 0　④ 110

（答案 ② ③ ④）

怎么样？您对基础阅读理解能力测试的试题有了一个基本的了解了吧？

有三分之一的人读不懂简单的句子

亚历桑德拉的昵称

接下来，我们来看看调查结果和分析吧。看过这部分内容，您就能理解我前面说的状况堪忧了，希望您不要被吓到。另外，因为这项研究与东大机器人项目是并行推进的，考虑到与人工智能的比较也可以作为参考，我们让东大机器人也参加了测试。

首先是句子结构分析。这道题不是例题，我们先看看问题和正确率。

[问题 1]
请阅读下文。

佛教在东南亚、东亚，基督教在欧洲、南北美洲和大洋洲，伊斯兰教在北非、西亚、中亚和东南亚得到了传播。

> 　　根据这句话，选择一个最适合填入下文括号中的选项。
>
> 　　在大洋洲得到传播的是（　　）。
> ① 印度教　② 基督教　③ 伊斯兰教　④ 佛教

　　这是一道"依存"测试题。正确答案是②基督教，正确率如表 3-2 所示。

表 3-2　问题 1 的各答案所占比例

	全国初中生（623 名）	初一（197 名）	初二（223 名）	初三（203 名）	全国高中生（745 名）	高一（428 名）	高二（196 名）	高三（121 名）
①	5%	4%	6%	7%	2%	2%	2%	2%
②	62%	63%	55%	70%	72%	73%	73%	66%
③	12%	16%	13%	5%	6%	5%	4%	9%
④	20%	16%	25%	17%	21%	20%	21%	22%

　　大家看懂表 3-2 了吗？它不是说明有 62% 的初中生和 72% 的高中生回答对了，而应该理解为每三个初中生中就有一个人以上、每十个高中生中就有接近三个人没有答对。回答这道题的 745 名高中生均来自升学率接近 100% 的升学高中[1]。我曾去这几所高中做过演讲，学生们都能兴趣盎然又安静地

---

[1]　日本把大多数毕业生都能考上重点大学的高中叫作升学高中，除升学高中之外还有普通高中。

听完关于人工智能的 90 分钟演讲。我也很想调查其他高中解答这道题的正确率，但这道题已经通过报纸的报道和 TED 演讲等渠道出了名，就不能再用来测试了。顺便告诉大家，并不擅长语文的东大机器人答对了这道题。

经常有人问我"有些中学生正处于叛逆期，会不会是他们没有认真对待这种不计入成绩的测试呢？""大学生数学能力基本测评"也遇到过同样质疑。从只有极少学生选择"① 印度教"这一点可以得知，他们是认真的。如果连问题都不读，随便作答的话，选择印度教的人数应该会更多一些。佛教和伊斯兰教都是错误选项，但选印度教的人非常少。因为题目中出现了佛教和伊斯兰教，没有印度教，所以错误答案中印度教很少，这说明大多数学生都是认真解答的。

此外，RST 是在电脑上进行测试，因此也可以采用机器学习等统计方法区分出认真作答和敷衍了事的答题者。因为他们选择选项的方式和点击按键的速度等都具有不同的特点。本书介绍的数据都是在筛除没有认真作答的答案之后计算出来的。

有人质疑是不是测试题目本身不好，还有人说课本里蹩脚的句子很多。前面介绍过选择课本作为题材的原因，暂且不论课本中是不是真的有很多蹩脚句子，即便果真如此，也是谁读不懂谁就会遭受损失，我们还是必须要具备读懂课本的能力。另外，我们也会根据项目特征论证测试题是否合适。RST 测试题的难度在测试之前无法得知，只有经过大规模调查，对正确率加以比较之后才能算出每道题的难易程度。然后分析答题者答对测试题的难度，便能得知每位答题者对 6 种题型的能力值分别是多少。到了这一步，我们才能讨论测试题是否妥当。如果能力值越高的人正确率越高，便能确定这道题是可靠的，而如果正确率没有随着能力值提高，甚至反而降低的话，就应该怀疑这道题有问题，这种题必须作废（虽然非常舍不得）。我们通过这种方式来确保 RST 调查准确公正。

那么问题 1"佛教"测试题是否合适呢？图 3-2 是它的项目特征图。项目特征图能体现出"哪些能力值的答题者选择了哪个选项"。横轴是能力值，纵轴是选择率。能力值分为六个等级，越向右越高。共有 2435 名答题者回答了这道题，人数足够推算难度或分析其是否合适了。能力越高的人，选择正确答案②的比例越高，说明这道测试题没有问题。

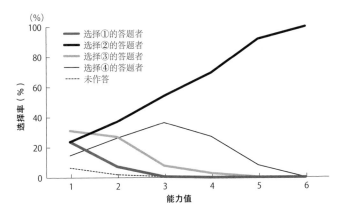

图 3-2　问题 1 的项目特征图

我们再看一道题，同样也是依存方面的。

正确答案当然是① Alex。

[问题 2]

请阅读下文。

Alex 这个名字既可用于男性也可用于女性，（它）是女性名字 Alexandra 的爱称，也是男性名字 Alexander 的爱称。

根据这句话，选择一个最适合填入下文括号中的选项。

Alexandra 的爱称是（　　）。

① Alex　② Alexander　③男性　④女性

您觉得这道题和前一道哪个更难呢？可能很多人觉得这道更简单一些吧。这道题的句子结构要比前一道更简单一些，东大机器人也答对了。

然而事实却并非如此。

中学生回答这道题的正确率如表 3-3 所示。

表 3-3 问题 2 的各答案所占比例

	全国初中生（235 名）	初一（68 名）	初二（62 名）	初三（105 名）	全国高中生（432 名）	高一（205 名）	高二（150 名）	高三（77 名）
①	38%	23%	31%	51%	65%	65%	68%	57%
②	11%	12%	16%	8%	4%	3%	3%	8%
③	12%	16%	16%	7%	5%	3%	6%	6%
④	39%	49%	37%	33%	26%	28%	23%	29%

初中生的正确率竟然还不到一半。RST 的所有测试题都是选择题，因此随便猜也能有一定概率猜到正确答案。这道题有四个选项，所以不读题目随便选也应该有 25% 的正确率。然而，初一学生的正确率是 23%，接近随机水平，相当于投骰子作答的概率。这道题源自初中英语课本中对"Alex"的注释中的一句话，可以说这条注释没有起到任何意义，因为有超过一半的学生都没读懂。就读于升学高中的高中生也是三个人当中只有两个人能答对。

为什么会出现这种情况？从图 3-3 中可以找到原因。在接近横轴中间，阅读理解能力值为 3 的人当中，有更多人选择了选项④，而不是正确答案①。也就是说，有很多孩子认为正确答案是"Alexandra 的爱称是女性"。怎么会这样？恐怕是因为他们不认识"爱称"是什么意思，就按照以往的习惯直接跳过去，而"Alexandra 是女性"也可以说得通。这些科学分析可以发现哪些孩子有怎样的阅读倾向，然后才能为他们开"处方"。

那么现在初中生词汇量不足的程度究竟有多严重呢？有一

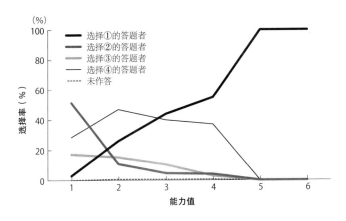

图 3-3　问题 2 的项目特征图

位在公立初中教社会课的老师工作非常负责，他一直觉得看不懂课本的孩子越来越多，所以会在社会课的课堂上让他们朗读课本。下面是这位老师告诉我的孩子们把汉字读错的例子①。

首相（しゅしょう shushou）→ しゅそう（shusou）

东西（とうさい tousai）→ とうせい（tousei）

设立（せつりつ setsuritsu）→ せいりつ（seiritsu）

大手（おおて oote）→ だいて（daite）

残业（ざんぎょう zangyou）→ のこりしぎょう（nokorisigyou）

物理（ぶつり butsuri）→ もり（mori）

文部（もんぶ monbu）→ ぶんぶ（bunbu）

用いる（もちいる mochiiru）→ よういる（youiru）

居住地（きょじゅうち kyojyuuchi）→ いじゅうち（ijyuchi）

现役（げんえき gen'eki）→ げんやく（genyaku）

　　此外，据说还有的学生看到所有"学"开始的词，无论是"学级""学年"还是"学业"全都念成"がっこう（学校）"。②老师觉得这个孩子可能是阅读障碍，问他为什么看到什么词都念成"がっこう（学校）"，结果他回答说"这样更容易蒙对"。

---

① 日语由汉字和假名构成，每个汉字一般有两个以上的读音，在不同场合需要区分不同读音，此处例子皆为混淆汉字读音而造成的错误，为方便读者对比，特将其正确读法标在汉字后面的括号中。

② 学级、学年、学业的读音分别为：がっきゅう（gakkyuu）、がくねん（gakunen）、がくぎょう（gakugyou），而学校的读音为（gakkou）。

后文还会详细介绍，初中生回答依存类测试题的正确率不到 70%，高中生大约 80%。东大机器人与高中生水平相当。当然，前文介绍过东大机器人并不是理解每个句子的含义，它采用统计和概率的方法答题，却能答对八成左右。怎么样？有没有一点不寒而栗？

在过去所有依存类测试题中，难度最高的包括下面这样一道题。

请阅读下文。

淀粉酶能分解由葡萄糖连接而成的淀粉，却不能分解同样由葡萄糖组成、但形态不同的纤维素。

根据这句话，选择一个最适合填入下文括号中的选项。

纤维素与（　　　）形态不同。
①淀粉　②淀粉酶　③葡萄糖　④酶

不知为什么，从某报社的评论员到经产省的官员都选了葡萄糖，让我非常意外，其实正确答案是①淀粉。

不会判定同义句

有些测试题很让人工智能头疼，例如同义句判定，即比较两个句子，判断其含义是否相同。

例如下面这道题：

[问题 3]
请阅读下文。

幕府于 1639 年驱逐葡萄牙人，命令大名（负责）沿岸的警戒。

这句话与下面这句话表达的内容相同吗？请从 "相同" "不同" 中选出答案。

1639 年，葡萄牙人受到驱逐，幕府被大名命令（负责）沿岸的警戒。

被命令负责沿岸的警戒的是大名，因此答案是 "不同"。这么显而易见的答案，对人工智能来说却很难，因为两个句子里的词几乎都是一样的。那么，我们是不是可以庆祝还是人类更优秀呢？很遗憾，并不能。表 3-4 显示了中学生的回答正确率，初中生竟然只有 57%。不知道为什么，初三学生的正确率最低，是 55%。我对这个结果感到非常震惊，而且我遭到的打击还不止如此，某位报社记者得知此事后，居然反问我"正确率57%不行吗？ 100分满分能得到57分的话，作为平均分来说应该还可以吧？"

表 3-4　问题 3 的正确率

初中生 （857 名）	初一 （301 名）	初二 （270 名）	初三 （286 名）	高中生 （1139 名）	高一 （627 名）	高二 （360 名）	高三 （152 名）
57%	56%	61%	55%	71%	71%	71%	76%

同义句判定题是从"相同"和"不同"中二选一，用扔硬币看哪面朝上的方法作答也有 50% 的概率能答对。也就是说，初中生的正确率几乎跟扔硬币决定的结果不相上下。报纸上的新闻报道都是记者写的，可这位记者却连这个问题严重不严重都不知道，真让我担忧。这种完全不具备统计和概率常识的人，根本不可能理解（基于统计和概率的）深度学习的原理和局限。也难怪他们只顾着赶潮流，一不留神就写出"支持奇点"的报道了。

与人工智能犯同样错误的人

下面再看图形同定题。要答对图形同定题，除了要正确理解文章，还必须具备读懂图表含义的能力。人工智能很难实现这种高级智能处理。

[问题 4]

阅读下面的句子，选出能够正确表示美国职业棒球大联盟选手国籍构成的图示。

在美国职业棒球大联盟选手当中，有 28% 的选手来自美国以外的国家，从他们的国籍来看，多米尼加（的选手）最多，约占 35%。

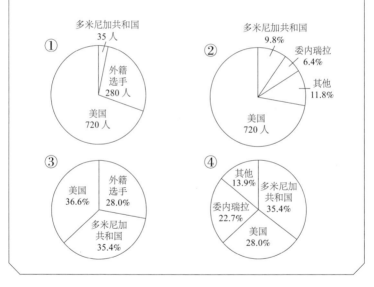

正确答案是②。

这道题的正确率如表 3-5 所示。

表 3-5　问题 4 的正确率

全国初中生（496 名）	初一（145 名）	初二（199 名）	初三（152 名）	全国高中生（277 名）	高一（181 名）	高二（54 名）	高三（42 名）
12%	9%	13%	15%	28%	23%	37%	36%

　　初中生的正确率为 12%，高中生为 28%，这些数字令人震惊。这道题虽然是多选，但从图 3-4 的项目特征图也能发现，几乎所有答题者都只选了一个选项，因此不看题随便猜也有 25% 的概率能答对。然而，初中生还远没有达到这个水平，高中生也只是和随机作答的正确率相当。

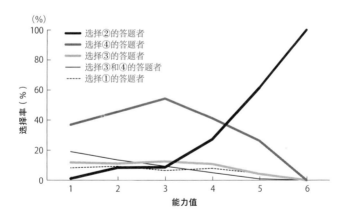

图 3-4　问题 4 的项目特征图

注：多项选择题的项目特征图不太好理解，因此我们选择答题者选得最多的五种选项绘制了本图。

　　为什么这么多人的答题正确率只能达到投骰子作答的水平，甚至还不如投骰子作答呢？项目特征图可以解释这个问题。在能力值低于 4 的答题者中，正确答案②和错误答案④势均力敌，即很多能力值不到中等偏上水平的人倾向于选择④。

这是为什么呢？④的饼状图显示"美国占 28%，多米尼加共和国占约 35%"。也就是说，选择④的答题者漏看了或者没看懂"以外""当中"等词。

也就是说，很多中学生的阅读方式与听不懂"意大利菜以外的餐厅"的 Siri 十分相似。

我们再看一道题。

[问题 5]

从①~④中选出所有能够正确表示下面这句话的图示。

经过原点 O 和点（1,1）的圆与 x 轴相切。

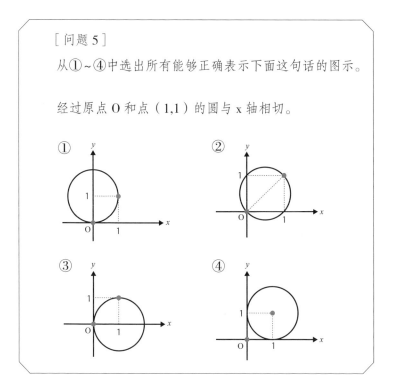

正确答案当然是①。这道题并不难,不像上一道题还需要计算,然而结果仍然很惨。

初三学生的正确率是25%。虽然这道题也是多选题,不能与四个中随机选择一个就有25%的概率答对相比,但其实也差不多。即使是升学高中的学生,也是每三个人中只有一个人能答对。按照这个水平,他们明显无法在高中学会三角函数。大家不要误会,我并不是说高中不应该教孩子们三角函数,那样并不能解决问题。

表 3-6 问题 5 的正确率

全国初中生（496名）	初一（145名）	初二（199名）	初三（152名）	全国高中生（277名）	高一（181名）	高二（54名）	高三（42名）
19%	10%	22%	25%	32%	29%	30%	45%

问题 4 "美国职业棒球大联盟" 和问题 5 "圆" 的项目特征图与问题 1 "佛教" 和问题 2 "Alex" 截然不同。这两道题中表示选择正确答案比例的线不是直接指向右上方的,而是在右下方稍微形成了一个弧度。在能力值偏下乃至中上水平阶段,几条线之间的差距不大,到了能力值更高的阶段,正确率才终于开始上升。这种题叫作 "更能鉴别高能力值的测试题"。"淀粉酶" 那道题能够区分出极为优秀的高能力值人群,能轻松读懂这些题的学生不用苦读也能考上大学。因为

高考必须按照指导纲要①出题，就算东京大学的入学考试也不能超出课本范围。再进一步说，这样的学生完全可以通过斯坦福大学等的线上课程和附赠资料自学，因为他们都能读懂。

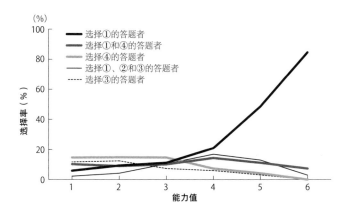

图 3-5　问题 5 的项目特征图

注：多项选择题的项目特征图不太好理解，所以我们选择答题者选得最多的五个选项来绘制了本图。

这种形状的线我之前也曾见到过，是 2011 年"大学生数学基本能力测评"中表示"偶数与奇数相加"这道题的大学偏差值和正确率的图。顶级国立大学的学生回答这道题的正确率最为突出。我由此确信，RST 不仅能衡量答题者现在的基本阅读理解能力，也能作为预测他们成长潜力的指标。

———————————

① 指导纲要全称为"学习指导纲要"，是日本文部科学省针对初等教育及中等教育发布的教育课程标准。

随机率

接下来我们再来详细分析一下调查结果。表 3-7 为最新的 RST 各题型的正确率。依存分析和指代消解考查表层的阅读能力，属于人工智能射程范围内，答题者对这两类题的解答情况也不错。不过还不能就此放心，因为与人工智能程度相当，就说明有可能被人工智能取代。最重要的是，人工智能尚未掌握的"同义句判定""推理""图形同定"和"实例同定"这四个领域，人们能答对多少。要想优于人工智能，在2030 年仍拥有工作，最好能达到 70% 的正确率。然而，只有"同义句判定"达到了这个水平。即使考虑到"图形同定"和"实例同定"是多选题，难度要稍高一些，这两项的正确率还是低得惨不忍睹。

表 3-7　不同领域试题的正确率（%）

学年	依存	指代	同义句判定	推理	图形同定	实例同定（词典）	实例同定（数学）
小学六年级	65.1	58.2	62.1	58.6	30.9	32.5	19.6
初一	65.7	62.3	61.6	57.3	31.0	31.0	24.7
初二	67.8	65.2	63.9	58.9	32.3	31.7	27.4
初三	73.7	74.6	70.6	64.6	38.8	42.2	34.2
高一	80.7	82.6	80.9	67.5	55.3	46.9	45.7
高二	81.5	82.2	81.0	68.5	53.9	43.9	42.4

除了要掌握这些数字，还必须正确理解其含义。因为"同义句判定"是二选一，而"实例同定"是多选题，二者不能单纯比较其数值。于是我们构建了"随机率"的概念。前文反复提到，RST 的所有测试题都是选择题，无论是投骰子作答还是随便瞎猜，四选一测试题的正确率都是 25%，三选一则是 33%。我们要计算参加测试的各学校和机构中，有多少比例的答题者正确率低于随机水平。

随机水平应该解释为答题者对该类型的测试题完全不会，而不是不太擅长或者有时会答错。

表 3-8 为随机水平学生所占的比例。在初三这一行可以发现，"依存"和"指代"类试题的随机率不到 20%。"依存"和"指代"是表层阅读，人工智能也能在一定程度上答对。如果一个学生连这些题都只能达到随机水平，那么只有两种可能：一种是他没有认真对待测试，却没有被我们设定的"筛除随便回答的答题者"的统计判断排除；还有一种可能就是答题者患有某种阅读障碍。美国的调查数据显示，约有 15% 至20% 的人患有阅读障碍。"依存"和"指代"类测试题的正确率相当于随机水平的答题者中，很可能有一些患有阅读障碍的学生。我希望他们能在初一就参加 RST，尽早发现阅读障碍并尽早采取干预措施。

表 3-8　不同学年的随机率（%）

学年	依存	指代	同义句判定	推理	图形同定	实例同定（词典）	实例同定（数学）
小学六年级	35.8	52.6	95.3	57.3	54.7	56.0	100
初一	31.6	36.8	78.9	61.8	42.4	68.5	86.4
初二	26.1	25.4	78.8	54.6	37.3	63.5	82.4
初三	18.3	15.6	70.2	43.4	31.1	48.7	79.4
高一	10.8	6.5	57.4	38.6	11.7	47.9	53.1
高二	10.3	6.2	65.7	37.6	13.4	53.4	57.6

　　人类本应优于人工智能的"同义句判定""推理""图形同定"和"实例同定"的随机率更令人担忧。初中生"推理"的随机率是四成，"同义句判定"则超过了七成。也就是说，教室里有一半学生的正确率都与投骰子作答的结果差不多。不会推理或同义句判定的学生只能通过大量刷题和死记硬背的方式学习。例如推理类的例题 4（第 148 页），题目是"喜马拉雅山是世界上最高的山"，如果一个学生不能由此得知"阿尔卑斯山比喜马拉雅山低"，那么他就只能一一记住所有的具体实例，如富士山比喜马拉雅山低、乞力马扎罗山比喜马拉雅山低、库克山比喜马拉雅山低等。也就是说，推理是举一反三所需的最基本的能力。

　　这就是我们断定"有一半初中生处于读不懂课本的状态"的原因。

实例同定（数学）是根据数学定义，从四个选项中选出相符选项，初中生的随机率竟然高达八成。这类题要求答题者根据偶数是什么、比例是什么等定义后，选出偶数或比例。这种测试题既不需要计算，也不需要公式，却有八成初三学生的正确率只有随机水平。这种情况下，学校能开设编程课程吗？因为编程是完全靠数学定义才成立的。不得不说，日本的科学技术的未来一片黑暗。

表 3-9 是不同学年回答不同领域试题的正确率，初中部分只统计了所有学年都参加了测试的学校的数据，高中部分是高一、高二学年参加了测试的约 5000 人的数据。高三学年正在紧张地备考，因此没有让他们参加测试。

表 3-9　不同学年答题者对不同领域的正确回答率（%）

学年	初中			高中	
	初一	初二	初三	高一	高二
依存	62.6	65.7	71.3	76.3	77.4
指代	60.6	63.8	73.7	80.3	81.0
同义句判定	60.3	63.9	76.7	75.6	79.4
推理	56.5	58.0	63.2	61.2	63.7
图形同定	30.6	32.2	47.1	47.4	48.8
实例同定（词典）	29.0	29.7	41.6	38.8	36.6
实例同定（数学）	22.1	26.6	31.8	30.8	31.9

在初中阶段，正确率会随着学年的提高而有所提高。这是学校教育的成果，还是学生们在学校以外的生活体验等随着

年龄增长而带来的成长？如果是学校教育的成果，那么其提高程度是超出预期，还是仍不充分？仅靠本次调查还无法确定正确率提高的原因，但能发现所有领域的正确率在初中阶段是上升的，随机率也随之呈下降倾向。

然而到了高中阶段，正确率却没有随着年级升高而提高。从表中的数据也许能看到一些微小的提高，例如"依存"的正确率在高一时是76.3%，到高二则变成了77.4%，但这种微小差别不具有统计显著性，无法视为提高。

仅靠此次调查无法得知正确率在高中阶段不随年级提高而提高的原因。有可能是因为阅读理解能力等基础素养在15岁之前的教育中就已经定型，或者高中教育对培养阅读理解能力没有起到任何作用等。我们无法根据这些数据得出"阅读理解能力是与生俱来的"或者"阅读理解能力到了高中以后就不再提高，因此只能放弃"等结论。在我身边，也有人的阅读理解能力是在大学毕业之后得到飞跃性提升的。也就是说，阅读理解能力既不是天生的，也不是到了高中以后就不会再提高。

最后，我们再来看不同题型之间的关系。例如读懂"依存"的能力和读懂"指代"的能力之间的相关系数为0.674，是强相关，而理解词典定义的能力和理解数学定义的能力虽然同为"实例同定"，但二者之间却只有0.345的弱相关。不过所有类型能力之间都是正相关。也就是说，RST测试的"依存""指代""同义句判定""推理""图形同定"和"实例同定"这六种能力之间既密切相关，又彼此不同。在人工智能可以达到一定精度的"依存"和"指代"方面，偏差值高于55 的高中的学生都能达到或超出人工智能的水平。

当然，表层阅读理解做得越好，其他测试题的正确率也会越高。没有任何答题者是表层阅读理解不会，但后半部分深入阅读理解做得好的。不过，能答对表层的阅读理解，并不意味着一定也能答对需要理解含义的深层阅读理解。

偏差值与阅读理解能力

基础阅读理解能力将左右人生

可能有不少读者觉得"基础阅读理解能力当然是越强越好，但也不至于这么夸张吧"。不是的，这种想法太简单了。表 3-10 显示了参加 RST 测试的高中的平均能力值与"家庭教师 TRY"[①] 和"偏差值 net"公布的这些高中的偏差值之间的相关系数。在 RST 的几乎所有类型的试题中，二者都有 0.75 至 0.8 的相关。除了"身高与体重"或者"同等面积房间到地铁站的距离与租金"等之外，我们很少能看到这么高的相关。

---

① 是日本的一家专门提供家庭教师服务的公司。

其原因只能是以下两个之一：或者是"偏差值更高的高中能提升孩子的阅读理解能力"，或者是"阅读理解能力高的孩子才能考上偏差值更高的高中"。我认为不可能是前者，因为高一和高二的学生的能力值之间并没有太大不同。也许不是只靠基础阅读理解能力就能搞定中考，所以更准确的说法应该是"基础阅读理解能力差就考不上高偏差值高中"。这也是理所当然的，没有基本的阅读理解能力，不光看不懂课本，也没法快速准确地看懂考试题目。

表 3-10　高中偏差值与阅读理解能力平均值之间的相关系数

	偏差值 net	家庭教師のトライ
依存	0.813	0.806
指代	0.802	0.791
同义句判定	0.775	0.741
推理	0.818	0.804
图形同定	0.854	0.834
实例同定（词典）	0.639	0.668
实例同定（数学）	0.685	0.678

正确率在初中阶段会随着年级提高，不过学生之间的能力水平极不均衡，例如有的学生可能用 4 分钟时间只答了两道依存类的测试题，两道都答错了，但同一个班里也有的同学答了二十多道题，还全都答对了。

这些水平不一的学生都去参加中考，然后从 RST 的结果来看，基础阅读能力更高的学生也考进了偏差值更高的学校。

可以说，这会左右他们的人生。

其实还有一个事实更令人吃惊。我们单独挑出曾有多名学生考上旧帝国大学的高中，计算了 RST 能力值与旧帝国大学升学率之间的相关系数。旧帝国大学包括东京大学、京都大学、东北大学、大阪大学、名古屋大学、北海道大学和九州大学等七所国立大学。我们原本以为基础阅读理解能力不至于有如此影响，没想到统计结果显示这二者之间也是强相关关系。

根据这一点，我得出的结论是：被称为"御三家"的超级名牌私立初高中六年一贯制学校①的教育方针对推进教育改革没有任何参考价值。因为这些学校早已通过入学考试把 12 岁就拥有相当于公立升学高中高三学生的阅读理解能力值的孩子筛选了出来。只要看看这些学校的入学考试试题就会发现，无法准确、专注地轻松看懂与 RST 测试题类似的题目的学生根本连门儿都摸不到。只要学生具备能通过入学考试的能力，老师之后指导他们学习也很轻松。学生们在高二之前可以尽情地参加课外活动，即使考试勉强及格也不怕，因为无论课本还是习题集他们都是一读就懂，只要在最后一年努力冲刺就能考上旧帝国大学级别的大学。这些孩子不是因为学校的

———————

① "御三家"意为某一领域实力最强、最有名气、级别最高或者最受欢迎的前三名的总称。原意是江户时代德川将军家族的尾张德川家、纪州德川家和水户德川家，这里指位于首都圈的开成、麻布和武藏三所升学实力较强的私立初高中六年一贯制学校。

教育方针考上了东京大学，而是因为 12 岁时就具备了能考上东京大学的阅读理解能力，所以他们考上东京大学的可能性原本就远远高出别人。

什么决定了阅读理解能力

看到这里，可能很多读者，特别是家里有高中以下的孩子的家长非常迫切地想知道：怎样才能培养基础阅读理解能力？

我们也对这个问题很感兴趣，因此又做了一个包括生活习惯、学习习惯和读书习惯等多项内容的问卷调查，希望了解哪些习惯或学习有助于培养阅读理解能力，或者相反会损害阅读理解能力。

首先来看读书习惯。我们的问卷包括很多细节问题，如喜不喜欢读书，从什么时候开始的，最近一个月读了几本书，喜欢文学类还是非虚构图书等。结果显示，以上项目与能力值都不相关。这很令人吃惊，因为我们期待的当然是从小时候就爱读书的孩子阅读理解能力会更强。

那么，学习习惯呢？问卷包括每天在家学习几个小时，是否参加了课外补习班或请了家庭教师，有没有参加兴趣班，是体育方面的还是音乐方面的等。这些也没有发现任何相关。

那么，擅长科目呢？对理科头疼的学生可能根本不想看数学或者理科的课本，那么他们回答出自己喜欢科目的测试题的正确率会高一些，而不擅长的科目会低一些。然而我们在这方面也没有发现任何影响。就算不喜欢数学，能力值够高的孩子也照样能答对摘自数学课本的测试题，而那些说自己喜欢数学的孩子，如果能力值偏低，也还是会答错那些不需要计算的实例同定（数学）测试题。

我们还调查了学生们每天使用手机的时间，有无订阅报纸，从哪些媒体获知新闻等问题，但结论也只是怀疑过多使用手机多少会导致能力值较低，并没有发现明显的相关关系。

性别也与能力值没有任何关系。

非常遗憾没有如大家所愿，到目前为止，我们还没有发现哪些因素能提高阅读理解能力或者会导致阅读理解能力低下。

那么，读书和学习习惯对阅读理解能力真的一点影响都没有吗？想到这里，我忽然发现了一个问题。既然很多初中生连问题 1 "佛教"或问题 3 "幕府"都答不对，那么他们甚至也有可能根本没有读懂问卷调查上的问题。再进一步说，就是他们有可能根本不会客观地判断自己是不是真的喜欢读书或者擅长数学。

于是我便放弃了通过问卷调查来弄清楚什么能左右基础阅读能力的尝试。

可能您看到这里感到很失望，"根本没有提高阅读理解能力的方法"。其实不是这样的。前面介绍了从 2016 年起，埼玉县户田市所有小学六年级到初三学生都参加了 RST。不仅如此，埼玉县还有一些老师（目前还只是部分老师）也会参加 RST。因为 RST 的试题是循环使用的，除了例题以外都不能对外公开，所以老师们不亲自参加测试，就不知道有哪些题以及学生们为什么答不对。老师们亲自参加测试一定也很需要勇气，因为他们大概也会担心"万一自己也答错了的话……"

以下是一些亲自参加过测试的老师的感想。

"亲自参加 RST 之前，我从来没想过课本会这么难读懂。有很多测试题都是在听了解说之后才发现如果自己当时再仔细看看就能答对的，我由此深切地感受到自己平时读书时多么不认真。"

"（通过这次测试）我发现自己平时读文章是多么不求甚解。RST 讲座引人深思，让我体会到'读课本'对所有科目来说都很重要，而且它与'语文'密切相关。"

尤其初中和高中的老师都是专门负责某一科目，他们几乎从来没有看过其他科目的课本。回答摘自自己不熟悉的科目的课本的测试题，也更利于老师了解学生们在阅读的哪些地方遇到了困难。

听说户田市后来每周都会组织老师们在学校放学后一起亲自制作 RST 测试题，或者一起研究怎样在课上帮助孩子们读懂课文。我问一位老师"参加这些活动很辛苦吧？"他说："不会，活动很有趣。我们本来就是因为喜欢孩子，喜欢教课，才选择当老师的。孩子能读懂课本的话，我们也很高兴。"

原来如此。学校的工作确实非常辛苦，无论哪所学校发生了霸凌等丑闻，全国所有学校就都得做问卷调查，让老师们一天到晚应接不暇。中央教育审议会的官员头脑一热，接连推出编程教育、主动学习、职业教育或可持续性社会教育等各种名目，再加上现在从小学就要开始英语教育，可能有些老师已经在心里大喊：别瞎折腾了！他们都是因为喜欢孩子、喜欢教课才来当老师的，只有把孩子教会才是他们最大的动力。

尽管任务繁重，埼玉县还是主动实施了"埼玉县学习能力和学习情况调查"，并发现了一个惊人的变化。过去在整个埼玉县，户田市的成绩一直处于中等水平。但这次调查中，户田市的成绩竟然突然提升为初中第一、小学第二、综合第一。虽然只是这一年的结果，没有经过因果关系的验证，但至少让人感觉到了一线光明。老师们根据科学数据，研究怎样才能教会孩子们读懂课本并加以实践，此次调查的结果证明了这些朴实无华的基础工作是多么重要。

曾经有人问数学家藤原正彦学校教育最需要什么，他回答说，"第一是语文，第二是语文，没有第三和第四，第五是

数学"。我觉得只靠如今的"语文"恐怕还不够,所以应该是
"第一是阅读理解,第二是阅读理解,第三和第四是玩耍,第
五是数学"吧。"玩耍"是指运用四肢和身体的游戏,而不是
那些需要很多外部条件才能实现的游戏。这些再加上日本学
校引以为傲的配餐值日和打扫值日等班级活动就够了,除此
以外什么都不需要,这是我的观点。

在基础阅读理解能力和问卷调查结果之间虽然没发现显著
的相关,但我却注意到另一个令人担忧的事实,即就学补助
率与能力值之间是强负相关关系。《学校教育法》第 19 条规
定,"对被认定为出于经济原因无法就学的学龄儿童或家长,
地方行政单位必须给予必要补助"。被认定为需要补助的孩子
可以获得就学补助。问卷调查没有直接问学生是否领取就学
补助,不过向合作的初中了解了相关情况。结果我们发现就
学补助率越高的学校,学生的阅读理解能力值的平均值越低。
也就是说,贫困会对阅读理解能力值产生负面影响。

让学生读懂课本

通过对全国 25 000 名对象实施的阅读理解能力调查,我
们得出以下结论:

· 约三成学生在初中毕业时不具备(不需要理解内容的)

表层阅读理解能力

·中等学力水平的高中也有半数以上学生不具备需要理解内容的阅读理解能力

·升学率为 100% 的升学高中的学生解答需要理解内容的阅读理解测试题的正确率略高于 50%

·阅读理解能力值与学生能考上的高中偏差值呈强相关关系

·阅读理解能力值在初中期间呈平均上升趋势

·阅读理解能力值在高中阶段未见提高

·阅读理解能力值与家庭贫困程度为负相关关系

·是否参加补习班与阅读理解能力值无关

·是否喜欢读书、对某个科目擅长与否、每天使用手机的时间或学习时间等学生自己申报的结果与基础阅读能力之间没有相关关系

超过一半的高中生不能正确理解课本的含义，这也从另一个侧面验证了八成高中生会输给东大机器人这一结果。在记忆力（准确地说应该是记录能力）、计算能力以及根据统计进行大致判断的能力方面，东大机器人都要远远优于大多数人，一半工作都将被人工智能取代的时代已经近在眼前。这意味着什么，需要我们整个社会沉下心来认真去思考。

再次强调，我并不是想揭露日本中学生阅读理解能力如此低下，也不是想批评学校第一线的工作。

我之所以强调中学生阅读理解能力极低的真实情况，是因为日本已经快速进入少子化时期，又坚持抵制移民，那么如果不想尽一切办法让孩子们在初中毕业前能读懂课本，我们将陷入不可挽回的困境。日本的失业率之低一直令欧美国家羡慕不已，要维持这种情况，我们最低也要确保人们能看懂作业手册或者安全指导手册。为此，读懂课本的阅读理解能力必不可少。

会被人工智能取代的能力

有很多人回答"依存"和"指代"类测试题的正确率超过90%，但其他类型却还不到50%。有些高中把很多学生送进了一流私立大学，但推理类试题的随机率却高达40%以上。

如果一个人能理解表层含义，但无法进行推理和同义句判定等深层阅读理解的话，那么他有可能读书没什么困难，但却几乎无法理解内容。这样的学生完全可以通过复制粘贴的方式写出论文，也能把练习题都背下来去应付定期考试，但他们并不理解论文或考试的含义。这与人工智能十分相似，也就是说这种能力很容易被人工智能取而代之。

我最近最担忧的是，有些补习机构采用电子化练习，运用项目反应理论，宣称"利用人工智能为每个孩子提供不同进度的个性化练习方案"。孩子花很大精力去掌握这种能力没有任何意义，因为不读题就能做题的能力是最容易被人工智能取代的。

如果孩子从小学阶段就一直埋头刷电子习题，自以为在努力学习，又在考试中得了高分，那么他就会满足于这些成功体验，无法发现自己在阅读理解能力上的欠缺。如果上了初中仍继续努力刷电子习题，孩子也能在一次方程测验中考到满分，记住英语单词和汉字，因此成绩应该还不错，但到初三开始准备中考时，他们的成绩就会下降。

这些学生自己也会逐渐觉察到情况不妙，"不知道怎么就是听不懂老师在课堂说的话""课本怎么都看不明白"……但因为不知道该怎么做，他们往往会选择投入更多精力去做电子习题。

我曾经不厌其烦地让东大机器人刷题，所以对这一点十分肯定。没有阅读理解能力，成绩到了后期就无法进一步提高了。只要拥有阅读理解能力的孩子开始努力备考，没有阅读理解能力的孩子的成绩就会不断地相对下降。东大机器人也是这样，无论再背多少英语单词和例句，它的偏差值都只能徘徊在 50 左右。

答错了问题 4 "美国职业棒球大联盟"和问题 5 "圆"的孩子，很有可能就是不具备阅读理解能力，只靠刷题和死记硬背来学习的。尽管这样，他们也能考上偏差值超过 50 的中等难度大学。再说现在有一半大学生是通过 AO 选拔 [①] 或保送上的大学，所以在被问到偶数与奇数相加为什么总会得到奇数时，他们才会一本正经地回答"因为 2+1=3"。

这些学生的思路是，不管怎么说，先用问题中出现的数字代入算式试一试。为什么要这么做？因为在做固定框架的习题时，这种方法效率最高，这也正是必须先有框架的电子课本最大的缺点。如果框架一成不变，孩子就会不顾老师曾经教给他的方法，专门摸索出只对这个框架有效的古怪技能。

大家想一想，最擅长固定框架下的任务的是人工智能。人工智能的速度远远高于人类，失误更少，而且最重要的是更廉价，因此这种能力是迟早会被人工智能取代的。

理解含义才会有用武之地

那么什么能力不会被人工智能取代呢？是理解能力，因为正如第 2 章详细介绍的，人工智能无法理解含义。

在被问到"1、3、5、7 的平均是多少"时，想考大学的高中生几乎 100% 都能答对，是（1+3+5+7）÷4=4。大概只有在日本和新加坡，才会有一半以上的国民都知道求平均值的公式。那么您知道平均值的含义吗？

---

① AO 选拔是指根据各大学招生办公室设定的选拔标准，依据高中成绩或论文、面试等决定是否接收考生入学的选拔制度。

测量某中学 100 名初三学生的身高，可以计算出其平均值为 163.5cm。根据这个结果，可以判断以下哪些说法是正确的？

①身高高于 163.5cm 的学生和身高低于 163.5cm 的学生各有 50 人。

② 100 名学生的身高总计为 163.5cm×100=16350cm。

③将身高按照每 10cm 分为 130~139cm、140~149cm……，其中 160~169cm 的学生最多。

这是本章开头提到的"大学生数学基本能力测评"中的一道题。

正确答案只有②。①和③分别体现了中间值和众数的性质。测评的结果是每四名大学生中只有一个人答对，这说明他们知道公式，却不明白公式的含义。

今后，能熟练应用 R 语言统计分析软件或者谷歌免费公开的基于统计的机器学习软件库 TensorFlow 的人会越来越多。但就像平均值与中间值完全不同一样，只有那些懂得其含义、了解其风险的人才才是最重要的。

各人工智能巨头正在全球范围内争夺理解人工智能的内涵，即懂得数学的人才。谷歌早就因高薪网罗优秀的数学博士和数学奥赛金牌获得者而闻名，虽然按照日本人的理解，这类人经常会"读不懂空气"。遗憾的是，不知是不是因为日本企业的高层多为文科人才，他们一般不擅长与出身数学领域的人才沟通，很难让他们大有作为，所以在这方面也已经落后了一大截。会使用人工智能的人才在短期内很有用，但我预测他们的有效期并不会太长。在"网页"一词被视为魔法的 2000 年，网页设计师只因为会制作网页就成了时代宠儿。然而，10 年之后，他们的价值早已一落千丈。重要的不是会不会使用新软件，而是能否理解其内涵，从逻辑上掌握其强项和弱点。

主动学习的"空中楼阁"

最近几年，无论大学还是高中，都在反复强调主动学习的重要性。大家听说过主动学习吗？根据文部科学省的定义，主动学习是指"改变老师单方向授课的形式，调动修学者主动参与的授课及学习方法的总称，旨在通过修学者的主动学习，培养其认知、伦理、社会能力、综合素养、知识及经验等多方面能力。主动学习包括发现学习、问题解决学习、体验学习和调查学习等，在教室进行的分组讨论、辩论、分组作业等也是其有效方法"。"修学"一词尤其能体现出文部科学省的特色，据说按照文部科学省和中央教育审议会的标准，学生在高中毕业之前的学习是"学习"，上了大学以后就是"修学"。

　　也就是说，主动学习不能只靠老师教，而是必须由学生自己决定课题，自己去调查、学习，或在小组内协商、讨论，或者参加志愿者活动或职业体验等。

　　这些内容听上去魅力十足。但是稍等一下，连课本的内容都看不懂的学生自己能去调查吗？不会按照逻辑说明自己的想法，无法正确理解对方的观点，或者不会推理的学生能与朋友们展开讨论吗？我认为，学生们对"推理"和"图形同定"等深度阅读理解测试题的正确率至少要达到 70% 以上，否则很难进行主动学习。

趁热打"恶"

　　前两天我在电视上看到这样一幕：在海滨浴场上，嘉宾给穿着比基尼泳衣的女孩们出了一道成语填空题，"趁热打○，○中应该填什么？"四名女孩你一句我一句地边笑边说出一些不着边际的话："啊，我不知道……应该填什么啊？""对了，是不是钉子？肯定是钉子！""钉子？钉子会是热的吗？"

　　这时，有一个女孩说："应该填恶吧？"其他三个人凑了过来，"是恶吗？""为什么？""什么意思啊？"主张填

"恶"的女孩又接着说:"你们想啊,遇到恶人,不就是应该看他一露面就立刻消灭掉吗!"她并不是想表演相声,为了搞笑故意这么说,她的表情十分自豪,仿佛在说"看我说对了吧"!

我觉得真是无聊至极,刚想拿遥控器换台,却看到另一个女孩赞同说"有道理"。我吓了一跳,伸出去的手又缩了回来。接着,另外两名女孩也纷纷赞同"对,没错!就是趁热打恶!""对!对!"于是四个人一起大声回答"答案是'恶'"!太让人震惊了。

您觉得我说震惊太夸张了吗?您觉得现在的年轻女孩也就是这个水平吗?对于"趁热打恶"这个不着边际的回答,我其实并不太惊讶,只是这四个女孩竟能把这个词当成最有可能的答案的过程吓到了我。我由此得知,不会正确推理的人聚到一起分组讨论,最终很有可能就会陷入类似局面。

我还想到一件事。我女儿四年级时,有一次在理科的课上学了关于星星的知识。老师告诉孩子们:"星星是亮的,所以大家可能觉得它们正在一闪一闪地发光,但其实星星距离地球非常遥远,它们的光要很久才能到达地球。所以,我们现在看到的光其实是几万年前发出的。"孩子们还顺便学到了光传播 1 年的距离叫作 1 光年。

班上的孩子们都似懂非懂时,我女儿问老师"那太阳光也是一样吗?"

看到老师略显为难的表情，一个很会见机行事的男孩说道："傻瓜，太阳当然是现在正在发光的啦！"别的孩子见他说得这么理直气壮，于是也都七嘴八舌地附和"是啊，太阳当然是现在了，刚才老师说的是星星！"就这样，最后大家一致"决定"太阳光是现在正在发出的。他们说的当然不对，太阳光到达地球大约需要 8 分钟。主动学习也会带来类似风险。

我当然知道，主动学习的目标并非一定要得出正确答案，为了让孩子们掌握得出正确答案的方法，即使偶尔把结论弄错了也没关系。此外，与别人讨论，在小组里协商等行为也有助于孩子自然而然地形成社会性，这可能也是主动学习的目的。要在现代社会中活得舒服，融入周围的气氛非常重要，过分坚持逻辑上正确的主张或者固执地要求必须正确推理，有时可能会陷入孤立无援的境地，这些我都懂。

不过既然主动学习的目的是教会孩子如何找到正确答案，那么至少应该在讨论之后用百科全书乃至维基百科确认一下正确答案。不过等一等，他们能看懂维基百科吗？毕竟有的孩子连课本都看不懂。RST 的正确率至少要在 80% 以上才能读懂维基百科。再说网络上也可能并没有直接写出正确答案，那么就必须根据已知信息进行推理，自己来判断什么是正确答案。这些都要求学生具备远远超过 RST 的"推理"和"实例"测试题难度的能力。根据 RST 超过 25 000 人的数据，我可以肯定地说：有能力实施名副其实的主动学习的学校，至少在公立初中当中还没有，高中也只有很少一部分升学高中能做到。

文部科学省以及制定这一方针的中央教育审议会和组成审议会的各位专家，必须为各学校导入的这种"空中楼阁"负责。我这种微不足道的数学家开发出 RST 之前，难道就没人考虑和调查过"中学生能不能读懂课本"吗？他们难道是只凭着自己几十年前读初中的记忆和对自己周围半径五米以内的优秀人才的印象，来打造出"空中楼阁"的吗？

人们常说教育是国家的百年大计，那么就应该更科学地设计教育相关政策。RST 的结论是根据大数据，运用概率和统计方法得出的，在教育中应用大数据就应这样做。只不过作为一位诚实的数学家，我不会给自己的研究冠上"全球首次采用人工智能实施的阅读理解能力诊断"之类的名头。

一线老师们的担忧

工作在第一线的教师能最敏锐地发现中学生阅读理解能力低下的问题，并对此深感担忧。曾经有高中老师向我诉苦，说他不能在黑板上写板书，因为现在有很多学生连把老师的板书抄在自己的笔记本上都不会。听说还有的学生毕业之后因为考不过笔试拿不到驾驶证，或者参加了厨师培训，却考不到厨师证书。

有一所地处偏远地区的高中配合我们实施 RST 测试，发现有一半以上的学生的正确率都低于随机水平。在这种铁道已经废弃不用，当地又没有像样产业的地区，有很多孩子的阅读理解能力太差，直到毕业都还通不过汽车驾驶证笔试考试。这个事实让我感到十分头疼。

读不懂课本就无法预习和复习，这样的孩子自己不能独立学习，必须一直参加课外补习班。然而上了大学以后就没有补习班了，进入社会之后当然更没有。这些没学会如何学习就步入社会的人该怎么办呢？他们不只是考不到驾驶证，或者拿不到厨师证，他们还会被人工智能夺走工作。

我既不是中等教育的专家，也不是教育行政专家。作为数学家，我现在能做的，就是把通过东大机器人项目了解到的人工智能现状，以及通过 RST 掌握的日本乃至全球中学生阅读理解能力的真实情况转达给大家。

不过，作为与东大机器人项目和 RST 阅读理解能力调查这两项工作的深入参与者，我还想告诉大家一件事。

在与人工智能共存的社会，要想让更多的人能从事人工智能无法胜任的工作，教育亟待解决的最重要课题是，确保孩子们在初中毕业之前能读懂课本。信息遍布世界的角角落落，只要拥有阅读理解能力和求知欲，人们在任何时候、对任何问题基本上都能自学。

如今，人与人之间的差距并不在于他是否毕业于名牌大学或者有没有读过大学，能不能读懂课本，才是差距的根源。

经济界有很多人主张"让孩子从小学开始学英语""将计算机编程引入中学课堂"等，我觉得他们不了解第一线的情况才会这么说。

奋斗在一线的教师们每天都能切身感受到这一点。我们实施的 RST 并不是文部科学省或教育委员会自上而下地提前让学校留出时间实施的。学校配合参加此类调查的情况极为罕见，因为一年之内的授课和活动早在年初就已排满，根本没有余力临时插入非常规活动。与升学考试无关的调查就更不用说了，就连东京大学和京都大学教育系主持的调查一般也很难找到学校配合。然而在短短的一年半时间里，全日本一百多所学校和机构参加了我们的 RST 调查，这堪称奇迹。我想我们之所以能得到大家的配合，是因为这个测试能反映出一线的担忧，一线教师和教育委员会的老师们也很想知道"学生们真的读懂了吗"。

除了初中和高中，还有一些日本顶级企业也参加了我们的测试。因为越来越多的企业也切身感到很多员工读不懂安全指南或规格说明书，写不好商务文书，明明在线学习了个人信息保护法等新内容却还是通不过最终测试，或者很多人在工作中不会根据具体情况灵活应对等。

日本能保持全球罕见的低失业率，一直被其他发达国家所羡慕。但另一方面，我也经常听说企业苦于招不到合适的员工。"合适的员工"并不是指既有创造力又善于沟通谈判，直观能力也卓越超群的顶尖人才，这种可遇不可求的人才在人口减少的时代自然也会更少。我说的不是他们，而是说企业无论花费多大成本，也招不来能读懂说明书，能按照说明正确操作，会汇报、联系和协商的普通人才。考虑现实情况，即使是升学率 100% 的高中在"推理"领域的随机率也要超过三成，学生的阅读理解能力在初中毕业之后就不再继续提升，企业的这些困境也就不足为奇了。

很多人没有在成年前获得能读懂课本的阅读理解能力——只要这个情况得不到改善，在不得不与人工智能共存的今后社会，我们就不会拥有光明的未来。无论对个人，还是对整个社会，这一点都是一样的。

处方并不简单

那么究竟如何培养阅读理解能力呢？很遗憾，目前还没有哪项科学研究能解答这个问题。

如果打着"数学家最新发现！全球首个基于人工智能的阅读理解能力提高法"的旗号，宣称"做这种习题，靠这些办法，能飞速提升阅读理解能力"的话，我的这本书肯定会大卖特卖。如果再出一本练习册配套销售，可能赚个几亿日元也不在话下。

但是对不起，我做不出这种事。我拥有最基本的伦理观，不会把没有经过科学检验的东西当作"处方"来出版。

我们的研究团队正在与各合作学校一起，采用科学的方法逐一检验"不同阅读理解能力值的学生应该如何提高"。在"依存"和"指代"方面，我们已经找到提高学生能力的教育方法，并正在着手验证其是否正确。不过"依存"和"指代"是人工智能也会做的，我们希望大家拥有人工智能仍不具备的"同义句判定"和不可能具备的"推理""图形同定"和"实例同定"能力，否则就无法承担人工智能做不了的工作。务必找到一种方法，让所有中学生都能达到平均 70% 的准确率，我争取在下一本书中提出一两种具有科学根据的处方。

不过，我还要请大家冷静地想一想。

迄今为止，人们曾经提出过无数个所谓的"划时代的教育方法"，其中，类似数字课本等项目已经依靠政府补贴得以实施。然而，孩子们的阅读理解能力仍旧是我在这里介绍的水平。

提高阅读理解能力恐怕不会有像减肥食谱一样简单易行的方法。

学生读不懂课本的原因各不相同，有的是因为过分依赖习题，有的是因为遇到不懂的词就直接跳了过去，还有的是因为即使语言前后矛盾，只要是印刷字体他就坚信不疑等。读不懂课本包括各种不同的类型，RST 正是为了诊断这些问题而开发的。

实际上，我们请一流企业的员工、学校老师或以阅读为工作的编辑或记者来参加测试，他们居然也会答错。这些人都对自己的阅读理解能力十分自信，最初会找到各种借口，例如"是课本的写法有问题"或"测试题有歧义"等。不过当他们得知我们精心设计 RST 的过程之后，又会发表一些其他感想，例如"我就是因为数学不好才选择了文科，所以我可能本来就属于读不懂数学课本的类型""可能我跳过了没看懂的部分，还自以为理解了整体含义"等。

那么，我来说说自己的情况。我属于不太擅长读书的类型，从大学时代起，我每年读的书最多也不会超过五本。我喜欢看印刷的文字，不过读得很慢。我们与作者素昧平生，他花费几年时间写出来的书，我们花上一倍的时间才能读懂难道不很正常吗？我非常佩服那些一年能认真读完三本以上数学或哲学著作的人。笛卡儿的《方法序说》非常薄，自从上大学以后我已经读过至少二十遍，几乎所有的科学方法都是从这本书里学来的，但我仍有看不懂的部分。

我有一种直觉，觉得提高阅读理解能力的线索可能不是多读，而是精读和深读。

人工智能无法对语文主观题自动阅卷

下面再介绍一些与本书的主题关系稍远一点的内容，即关于大学入学统一考试和文部科学省的高中学习指导纲要的问题。

日本政府宣布将在 2020 年停止现行的全部为答题卡作答的中心入学考试，改为引进综合考查学生思考和判断能力的大学入学统考。可能很多人听到政府的方针是"通过新的统考方式摆脱'一分定终生'的偏差值教育"，便觉得这是好事。然而实际上，前面也提到过，现在已经有超过一半的大学生不是通过笔试考上大学的。"一分定终生"早就是遥远的过去了。

大学生缺乏思考能力，并不是采用答题卡形式的中心入学考试造成的。RST 的结果显示，这是很多学生在上大学之前没有培养出读懂课本的能力导致的。

然而，无论是政府还是媒体都主张改革"一分定终生"的中心入学考试。既然已经决定了方针，中心入学考试改革就不得不做下去了。

这一方针规定，除了英语要在现有"读、写、听"的基础上增加"说"之外，语文考试还必须增设主观题。

日本每年有超过 50 万人参加中心入学考试，考试报名费是 18 000 日元。用这些费用进行听力考试已经捉襟见肘，根本不够聘请英语母语者来判断考生"说"的能力，或者对语文的主观题进行阅卷。因此必须大幅提高报名费，或者投入国家经费。对于正在讨论推行免费高等教育的日本来说，根本不存在报名费涨价的选项，然而政府也没有预算可以投入中心考试。于是用人工智能对语文主观题自动阅卷便成了被寄予厚望的突破口，有人希望我们开发"语文考题自动阅卷人工智能"，理由是"听说国外已经引进人工智能给小论文评分了"。

然而给小论文打分与语文主观题阅卷完全不同。国外采用人工智能打分的小论文是没有标准答案的。人工智能先学习好的论文，再对需要打分的论文加以比较。评分标准与论文内容无关，全部采用"使用了哪些词汇，有多少""一句话的长度是多少""用了哪些接续词"等可以根据表面形式数值化的要素作为标准，也就是依据统计原理来打分。据说用这种方法对论文进行五个等级的评价，最终结果与人工打分相差无几。

然而，日本现在讨论的是大学入学统考的语文试题，必须判断数十字乃至一百几十字的回答与参考答案是否相同，不同的话接近程度如何，并据此打分。判断不出考生的回答与参考答案是否同义，就不可能自动阅卷。因此，文部科学省主导的人工智能项目正在投入大量精力研究 RST 做过的"同义句判定"。

不过正像 RST 证明的，依靠目前的技术，人工智能还做不到同义句判定。现在人工智能还只能"收集相似类型的答案，协助制定评分标准"。在自然语言处理的几十年历史中，人们曾以"换言问题"或者"含义关系识别问题"等多种名称反复挑战同义句判定的课题，但一直未能提高精度。

此外我还想说说学习指导纲要的问题。前文介绍过，经济界曾有人提出"中学应引进计算机编程课程"，这个观点正确与否暂且不论，今后要培养更多的 IT 人才，就必须在高中学习三角函数、微积分和矩阵。因为不懂这三项内容，无论是机器学习、强化学习还是模拟都寸步难行。尤其是矩阵的内容必不可少，我在《计算机夺走工作》一书中做过详细介绍，谷歌页面的推荐顺序是通过矩阵计算实现的，深度学习等本身就是庞大的矩阵计算。此外，从语音识别到亚马逊的"推荐商品"，矩阵无处不在。然而文部科学省却从高中教学指导纲要中删掉了矩阵的内容。

多少岁都能培养阅读理解能力

在本章的最后，我还想就高中生的答题正确率没有随着年级提高而提高的问题多说几句。正如前文提到的，我们缺乏足够的高三学生的数据，因此还不确定高考备考是否有助于提高阅读理解能力，不过至少高中一二年级学生的能力值没有太大差别。现在还不清楚原因，有可能是阅读理解能力作为最基本的素养在 15 岁前后会停止发展，或者高中教育的设计目的并不在于培养基本阅读理解能力等，这也是今后亟待解决的课题。

不过，从个人的经验来看，我觉得无论多少岁，阅读理解能力应该都是可以提高的。

我本科在法学院学习时曾经遇到过一件事。当时有一位蒙冤入狱的女士凭借自己的努力恢复了清白，她曾在残障儿童福利院担任保育员，这件冤案非常有名。这位女士落落大方，讲话也有条不紊，我和很多同学都觉得难以置信，当局怎么会错抓像她这样逻辑严密的人，所以感到十分愤慨。不过后来我又看到其他一些蒙受不白之冤最后洗清嫌疑的人的采访，发现这并非特例，他们都能条理清晰、逻辑严密地陈述事实。

以下只是我的推测，我猜他们在遭到不白之冤当时可能也并不是逻辑特别强的人。但在律师或支持者的帮助下，他们必须在法庭上据理力争，在只有符合逻辑的叙述才能说服别人的情况下，他们逐渐培养出了有理有据、符合逻辑地叙述观点的能力。

还有一个更近一些的例子。在我指导的博士生中，有一个学生一直不会提出假设进行推理，也不擅长用符合逻辑的方式写东西，所以他写博士论文时吃了很多苦头。后来我找他来帮忙制作 RST 试题，让他负责讨论别人制作的试题是否合适、答案是否合理。结果他的写作能力明显提高，过了不到半年就能写出极为符合逻辑的文章了。当时他是 38 岁。因此我的观点是，阅读理解能力以及逻辑思维能力的提高并不会在高中或者在某个年龄停止，无论多大年纪都有可能继续提高。

第 4 章

最坏的情景

被人工智能分化的白领阶层

为什么要学三角函数

大家想过为什么要参加高考吗？对很多人来说，高考可能已经是很久远的记忆了，在那些从早到晚埋头备考的日子里，相信谁都曾经忽然想过这个问题。

学了三角函数和微积分有什么用？高考过后，可能一辈子都不会用到。我们死记硬背下各种化学分子式、细胞结构、世界史年表还有古文词汇，可就算不知道这些知识，走上社会以后即使偶尔可能出糗，应该也没什么大不了。但是要考大学，就必须学这些。我想肯定有很多人都曾感到怀疑或者觉得这太不合理。

作为一名数学家，我也很想大声疾呼："不对，数学非常美，数学充满了魅力"，但每当别人问我"步入社会以后，懂得三角函数能为我带来什么好处吗"，我却不知道该怎样回答。

那么，学校为什么要教我们这些没什么太大用处的知识，还要通过高考考查我们的掌握程度呢？

日本在明治时代进入近代社会以后，文部省和大学老师们制定现行高考制度的过程姑且不提，高考是具有明确的功能的。显而易见，高考的功能就是筛选学生。在作为白领步入社会时，这位学生的能力水平如何？高考可以作为衡量能力的指标。

日本是学历社会。最近，读研深造专业知识或技能的理科人才越来越炙手可热，但文科学生读了硕士之后反而不太好找工作。也就是说，对负责事务性工作的文科生等典型白领来说，企业似乎并不看重他们在大学或研究生院受到的专业教育。相比之下，欧美或中国的高级公务员至少要有硕士或者 MBA 学位，很多人都取得了博士学位，而日本企业招聘文科生时则更重视他们"高考考得好"。

除了一部分专业岗位，大部分工作用不到三角函数或者微积分，但会用到理解这些知识或者就算不理解也能记住公式解题的能力，因为这些能力是通用的。其他科目也一样，记住世界史年表的能力，以及解答主观题的能力都是通用的。虽然也有一些例外，但人事招聘的经验证明，越是能考上高偏差值大学的人，工作表现出色的可能性往往也越高，因此高考便作为一种机制维持下来。此外，即使是不知道是否有用也能按照要求努力学习的服从性、因为高考要考就能调整心态去学习的理性态度，也都是企业希望大多数员工具备的素质。无论政府或大学方面是不是出于上述想法有意设计出大学制度和高考制度，总之企业发现了高考的这种功能，之后便一直根据求职者毕业于哪所大学来筛选他们。

被人工智能取代的人才

不过，在人工智能加入劳动市场以后，高考过去所起的人才筛选功能有很大可能会失效。人们已经隐隐约约注意到了这一点。例如从地方考到首都圈私立大学的孩子从家长那里拿到的生活费在 1994 年达到高峰，之后一直不断下降。虽说家长的可支配收入在 1997 年达到峰值，生活费减少在所难免，但减少的幅度有些夸张。

过去，只要能考上大学，以后的出路就有了保证。高中毕业生和大学毕业生的终生所得差距甚大，所以家长即使辛苦一些也愿意供孩子上大学。但现在情况不同了，很多本科或硕士毕业的年轻人也不得不接受非正式工作。即便找到正式工作，也有三成大学毕业生在三年之内就会跳槽。对家长来说，供孩子上大学已经不再是低风险、高回报的投资了。这样一来，也就难怪家长会要求孩子"你非要上大学，那就自己打工赚学费吧"或者"先申请助学贷款，工作以后再自己还"了。

招收大学生的企业对大学的要求越来越高。简单地说，他们希望大学培养更能独当一面的人才。在过去，日本企业并不会对大学教育寄予太多期待。直到 20 世纪 90 年代，甚至有企业表示，高考只要筛选出好学生，等他们毕业以后公司自会按照自己的方式去培养，大学就不用画蛇添足了。然而如今，企业却突然一反常态，开始对大学应该如何培养人才说三道四。这是为什么？可能是因为企业发现，只靠高考的筛选已经根本找不到想用的人才了。那他们到底需要怎样的人才呢？有人提出沟通能力、全球化人才，或创造性等种种概念，但说到底应该就是 IT 或人工智能无法取代的人才，能理解语言的含义，具有不囿于框架的灵活性，能主动思考并创造价值的人才吧。

不过，这些要求太强人所难了。

无论是"同义句判定"还是"根据定义找出实例"，都有一半以上的初中生的正确率只有投骰子作答的水平。他们进入高中之后，能力也不会继续提高。那么上了大学，挤在一百多人的大教室里听讲，就能提高能力了吗？用"趁热打铁"来形容这种情况可能不太恰当，不过现在最重要的就是要更现实一些，培养孩子们在初中毕业之前能读懂所有科目的课本，扎实地掌握其中的内容。

因人工智能而分化的白领阶层

下面以引进人工智能的企业为例，来看一看白领阶层所处的困境。

　　企业决定引进人工智能，首先要明确哪些业务能用人工智能代替，然后针对这类工作构建框架，规定正确的和错误的做法。这项工作难度极高，从业者必须具有客观且敏锐的判断力。为了引进人工智能而做的工作当然绝对不会被人工智能取代，能够胜任的人才应该得到很高的报酬。

　　接下来需要设计"训练数据"。第 1 章详细介绍了"训练数据"的重要性，这项工作也叫注解设计或本体设计，当然也有望得到很高的报酬。

　　不过这些最考验脑力、最需要观察力和才能、需要耐心和诚实的工作目前却并没有获得足够的报酬。原因很简单，因为大多都是由女性来做的。

　　我想说一些题外话，很多绝对不会被人工智能取代的工作都是女性在做。例如护理老人、照顾孩子等。难道不是吗？狩猎的工作或许能用装有 GPS 和物体识别功能的无人机代替，但即使通用人工智能问世，照顾孩子的工作也仍旧是必须由人来承担的高强度脑力劳动。然而在男权社会，只因为这些工作是女性承担的，从事护理、育儿和注解设计等脑力工作的人便得不到相应的地位和报酬。不过没关系，人工智能的普及一定会改变这种情况。因为在不具有任何情感的人工智能和自由经济面前，什么才是真正稀缺的工作，这会变得一目了然。

　　我们回到正题。完成了注解设计或本体设计以后，就要在此基础上制作训练数据。这项工作从简单的到复杂的有很多种。例如物体识别的训练数据就是带着标有内容标签的图像，所以只要视力正常、能认真工作，谁都可以制作。这样的工作当然不能期望工资很高。

此外，把这些工作在亚马逊或 lancers 等平台上众包出去也能降低成本，众包可以通过网络把委托方和承接人连接起来。可能有人不太放心把工作交给陌生人，但其实运营商会设计严谨的评价机制来淘汰不认真或能力不过关的承接人。如果工作不认真，报酬可能会减少，或者得不到下一份工作，承接人就会被逐出劳动市场。因此，委托方也可以参照承接人的能力及其以往工作所获得的评价，以最合理的价格找到完成相关任务的人。

开创众包机制先河的是亚马逊公司。该公司自 2005 年起推出名为 Mechanical Turk 的网络服务，将人的脑力与计算机程序组合起来，从事无法单纯由设备完成的工作。Mechanical Turk 意为"土耳其机器人"，原本是一位匈牙利发明家在 18 世纪制作的一个国际象棋机器人。这台机器曾经在欧洲巡演，还与拿破仑和本杰明·富兰克林对弈并取得胜利，但后来人们发现它并不是机器人，而是里面藏了一个国际象棋能手。

承接人可以身处全球的任何地方，委托方也完全不受最低工资制度的制约。一些发展中国家的承接人会以在日本难以想象的极低报酬承接工作，亚马逊也可以从中获得手续费。

制作训练数据等重复性工作的报酬要远远低于最低工资水平，在像日本这样人工费用昂贵的国家根本无法运作，也就是说以后将不再会有这种工作。从引进人工智能的过程可以发现，今后将只剩下高难度脑力劳动，简单的重复性作业则会转移到人工费用低廉的国家，而无法从事高难度工作的人将失去工作。白领阶层不仅会被分化，其中更有一大半人面临着失去工作的危险。

消失的企业

展厅现象

在人工智能社会，不仅白领阶层会分化，很多企业也面临着被淘汰的危险。

正如第 1 章介绍的，人工智能基本上只能在预先设定的框架内，根据给定的正确数据（训练数据）解决分类问题和检索问题，或者按照人们设定的标准通过模拟进行数量庞大的试错，经过强化学习获得最优解。不使用训练数据的"无监督学习"是其中的例外，在受成本等原因制约，或者不知道正确答案的情况下，可以先对已有数据进行机器学习，或许能通过大致分类（聚类）获知某些信息，不过企业对这种方式实在无法承担制造物责任。①

在现有技术基础上产生的近未来的人工智能不具备常识，不理解语义，更不懂人的心情。研究者或许也可以把表情或声调等数据附上喜怒哀乐的标签，当作训练数据，帮助人工智能对喜怒哀乐进行分类，但最多也就只能做到这些。

因此，人工智能既不会根据新理念自动设立创投企业，也无法评估创投企业能否成功、贷款给它的话能否顺利回收。人工智能或许能负责担保贷款的个人征信调查，但却不能在窗口回答用户的具体咨询并解决问题。它们或许能根据 MRI 影像以超过专家的精度判断患者是否得了动脉瘤，但却无法通过外科手术摘除肿瘤。人工智能能做的，基本上都是提高生产效率，而不是创造出新的服务或者解决问题（不过白内障手术等定型手术则有可能由机器人操作）。

为什么人工智能的水平不过如此，却会给经济和劳动市场带来颠覆性影响呢？

要回答这个问题，必须先明白三个经济术语。

第一个是"一价定律"，即自由竞争市场上，在同一市场的同一时点，同一商品的价格是相同的。在自由市场上，无论在札幌还是在银座，无论在商业街的电器城还是在大型家

---

① 日本自 1995 年开始实施《制造物责任法》，简称 PL 法。这项法律的目的是对生产厂家制造质量低劣的产品并导致消费者生命、人身及财产安全造成损失者，依法追究其责任，保护受害者，保障国民生活的稳定向上，促进国民经济的健康发展。

电量贩店，性能相同的电冰箱都应该是相同的价格。

第二个是"信息不对称性"，指买卖双方没有共享信息或知识的状态，例如在买方和卖方之中，只有卖方拥有专业知识和信息，而买方却对此一无所知。二手车交易市场就是最常见的例子，例如两辆车外观相近，但其中一辆只在周末开，并且从未发生过事故，而另一辆却已经开了超过 30 万公里，还发生过事故。这种情况下，当然是前者更有价值，但如果买方完全没有关于汽车的知识，就有可能因为喜欢某种颜色而不小心选择了后者。网络拍卖也经常会因为信息不对称引发矛盾。

第三个是"供需平衡是决定价格的基本因素"。这些都是写在经济学课本最开始部分的概念。

另一方面，数字技术则是要让很多人同时共享信息的。

那么接下来才是关键。在数字社会，买方和卖方的信息不对称性会得到改善，因此与之前的市场相比，"一价定律"的形成过程会更快。价格 .com 网站和乐天网站等显示"最低价"的功能就是典型代表，对于某一件商品，现在人们马上就能知道哪里的售价最便宜。

过去，人们会通过对比各家电量贩店的广告或者多走几家量贩店的方法找到更便宜的商品，但也只限于自己能走到或者只要较少交通费就能到达的范围内。如今，人们用手机很快就能知道一件商品全日本甚至全世界的哪家商店售价最低。

智能手机的普及改变了消费者的行为模式。人们一般会先到大型家电量贩店，根据销售人员的介绍选好目标，但并不直接购买，而是在手机上找到售价最低的店铺订购。这样的消费者越来越多，量贩店也不得不参与到价格战中，于是实现一价定律的时间就大大缩短了。

然而量贩店要开在繁华地段，要聘用专业的销售人员，所以很快就招架不住了，这就是"展厅现象"，也是导致美国玩具反斗城（Toys "R" Us）2017年9月破产的原因之一。因为越来越多的顾客让孩子到玩具反斗城挑选玩具，然后在免费配送的亚马逊上找出最低价订购。

经济学家推崇自由竞争市场，视信息不对称性和垄断市场为大敌，但实际上，维持展厅的费用、创造新技术的研发成本和确保品质与安全的品质管理费等，在某种程度上正是依靠信息不对称性或对市场的垄断获得的。

依靠数字技术实现的比价和最优化加速了"一价定律"和"供需平衡决定价格"，其影响并不仅限于家电领域，很多经营多年的老字号酒店和航空公司也被价格战拖入了破产的绝境。PayPal创始人彼得·蒂尔在《从0到1》中写道：

"美国的航空公司拥有数百万名乘客，每年都会创造上千亿美元的价值。然而在2012年单程机票的平均价格178美元当中，航空公司只能获得37美分。谷歌创造的价值少于航空公司，但他们获得的却要多得多。2012年，谷歌公司的销售额为 500 亿美元（航空公司为 1600 亿美元），利润率为 21%，超过同年航空行业利润率的 100 倍。"

被人工智能淘汰的企业

数字化发展使得人们能在瞬间对价格或评价等数值数据做出比较，仅这一点的影响就足够大了。

现在还要再加上人工智能。

现阶段还是只有那些懂得主动搜索信息进行比对的聪明消费者才能打破信息不对称实现最优选择，但有了人工智能之后，这就是谁都能做到的了。到那时，恐怕极其微小的额外成本都会把企业赶上绝路。

例如海外汇款手续费或汽车贷款利息，现在大多数人在汇款或买车时都是开户银行或汽车销售商要多少就付多少。可能也有人对此有过疑问，例如从成田机场出境到国外旅行时，为什么要付这么多手续费才能把日元换成美元或欧元呢？为什么非得用签字笔填好规定的表格交到窗口，让后面那位像领导一样的人盖上章才给兑换呢？

去处方药房买药时，收据上列有"配药技术费"和"药学管理费"项目，有时这些费用甚至与药物本身的价格相差无几。配药技术费指按照处方配药的费用，但大多数药都是片剂，并不需要技术人员当场调配。药学管理费指根据服药手册^①或用药记录确认多种药物同时服用是否会引起副作用，或者有无仿制药等信息的费用。

不过与其由药剂师通过服药手册管理，采用 IC 医保卡管理用药履历，由人工智能确认有无副作用，或提供有无仿制药等信息要更为可靠，而且还不需要手续费。例如患者在药店出示医保卡便能自动拿到药物，同时用人工智能提醒患者"此次 A 医院开的药与上周 B 医院开的 X 药同时服用可能会有副作用。请您带着这张药品管理单向 A 医院医生咨询详情"，这样不是反而更安全吗？

美国佛罗里达的迪士尼度假区会在客人入住合作酒店时为其发放带有 IC 功能的电子魔法腕带。客人在度假区内的所有娱乐及饮食均可以通过线上支付。腕带具有定位功能，还能在游玩时拍照。无论是提前预约，还是一整天的日程管理，都可以用它来实现。伦敦的公共汽车已经实现了电子支付，如果日本的所有交通机构也都能实现电子支付或不再使用车票，那该多么节约成本啊！

复印机装上人工智能，就可以自动识别出人眼无法辨识的颜色不均等问题，或者提前通知耗材的更换时期或故障等。耗材也能自动订货的话，就不再需要打电话找人维护和应对了。销售人员往往利用消费者与制造者之间的信息不对称获

---

① 服药手册是日本个人健康信息管理方式之一，由患者所有和保管，可以记录本人的服药履历、病史和过敏史等。

取利润，但在最优化市场中，这种职业可能也要消失了。这种情况下，应该也会有更多的企业不用再聘用固定的销售人员，而改为实行提成制了。

今后，所有企业都必须考虑这些问题，这就是人工智能与人共存的时代的真实写照。

有人以为只有人工智能程序员的工作是人工智能无法胜任的，这种想法过于简单了。不错，要引进和运用人工智能，确实需要程序员的工作，但程序员只能帮助企业削减成本，并不能创造出新的工作。

我要再次强调，人工智能无法自动创造出新事物，它只能降低成本。拒绝通过人工智能降低成本的企业将不得不被市场淘汰。此外，实现一价定律的时间会越来越短，这是人工智能带来的颠覆性社会变革。无法适应时代潮流的企业在破产或被吞并之前，往往会通过加大员工工作强度、降低品质管理要求等方法负隅顽抗，但这样当然更容易导致工作环境恶化，或者走向违法违规。

如果日本企业无视这一现实，仍固守现有策略，利润率将会继续下降，生产效率无法提高，非正式员工增多，贫富差距扩大，导致家庭收入的中间值——是中间值，而不是平均值——不断降低。这样，日本的顶级企业只能一个接一个地走向没落。

对人工智能的全球恐慌

没人能做人工智能做不了的工作

第 1 章提到了一些人的乐观看法，如即使现有工作被人工智能取代，但就像过去所有的创新一样，还会有新的工作产生，失去工作的劳动力能被新的产业吸收，还有人工智能不同于人类，它能 24 小时不间断工作，因此有利于提高生产率，推动经济增长等。

我在第 1 章介绍了人工智能与以往创新的本质不同。过去的创新只夺走了一部分人的工作，而人工智能预计会取代一半以上劳动者的工作。

而且还不止如此。即使如乐观论者所愿，今后还会出现新产业吸收被人工智能夺走工作的劳动力，但那些会是什么样的工作呢？当然只能是人工智能做不了的工作，因为如果新产业提供的仍是适合人工智能的工作，就无法吸收失业的劳动力了。因此新产业带来的必须是只能由人来做的工作。

即使这种产业如雨后春笋般涌现出来，也还是会带来严重问题。因为即使这些工作都必须由人来做，也有可能无法吸收多余的劳动力。

东大机器人证明，人工智能已经能考上 MARCH 等大学，只有在所有考生当中排在前 20% 的人才能考上这些大学。把没有参加高考的人也算上的话，这个比例应该更小。也就是说，在所有被人工智能夺走工作的人中，很可能只有不到 20% 的人能胜任那些必须由人来做的脑力劳动。

而我们在全国实施的 RST 调查发现，日本人在课本阅读理解方面的能力严重欠缺。本书再三强调，阅读理解能力才是人工智能最不擅长的。遗憾的是，很多人在本应超出人工智能的阅读理解方面，并不具备足够的优势。而日本的教育却仍在继续培养会被人工智能取而代之的能力。

这种情况将会带来怎样的结局呢？

我的未来预测图

对于未来，我的预测是这样的：

企业苦于人手不足，但社会上却随处可见失业者……

尽管出现了新的产业，但没有足够的人去承担这些人工智能无法胜任的工作，新产业就无法成为推动经济增长的引擎。另一方面，被人工智能夺走工作的人只有两个选择：或者重新找一个谁都能做的低薪工作，或者失业……我已经真切地看到了未来图景，而且不只日本如此，其他国家或地区可能多少会有些时间差，但全球都有可能出现这种情况。

之后等待我们的将是可以叫作"人工智能萧条"的全球性大萧条，其规模要远远超过 1929 年黑色星期四之后的世界大萧条或 2007 年次贷问题引发的金融危机带来的第二次全球萧条。我们必须想尽办法避免这种事态。

规避之路除了创造出更多的工作之外别无他法，而且还必须确保这些机会不会淹没在一价定律等自由竞争经济原理中。

一线光明

有一种叫作"基本收入"的社会保障设想，自从 18 世纪后半叶工业革命以来，欧洲便一直在讨论。简单地说，这个政策就是不考虑收入和资产状况差别，向所有公民发放能满足最低生活标准所需的现金。可能有人认为按照我的预测，将来只能引进基本收入政策了，确实也有不少人主张在人工智能时代引进基本收入作为社会保障政策。

前文介绍了一价定律、信息不对称性和供需关系决定价格等经济理论，不过只有那些在红海里鏖战的企业才必须遵循这些理论，一直竞争到利润无限接近于零。正如彼得·蒂尔在《从 0 到 1》中指出的，企业可以通过找到蓝海，即需求大于供给的领域来避免这种危机。

您可能会问，这有可能吗？这是只有脸谱或谷歌的创业者一样的天才才能做到的吧？我想说，不，并非如此，我们还是拥有一线光明的。

我认为曾经在 20 世纪 80 年代炙手可热的文案作家系井重

里经营《hobo 日刊系井新闻》（Hobonichi）的方式在目前的情况下最有潜力。虽然 Hobonichi 网站每天的浏览者人数众多，但他们并不依靠广告盈利。他们销售 Hobo 手账笔记本，以及各种手工制作的洋服、毛衣和图书等。

有趣的是，在他们销售的商品中，特别是衣服，经常能看到"库存为 0"的商品。由于他们只能或者只愿意生产很快卖完的少量商品，所以需求总是大于供给，而且还没有替代品。可能您会觉得"毛衣之类的，应该有很多其他更便宜的替代品啊"，但其实并非如此。Hobonichi 的所有商品都有故事，有的是制作者的独特人格，有的是商品本身的存在理由，这些故事牢牢地抓住了消费者的心。

在 Hobonichi 上将毛衣、衬衫或者织补过的毛衣等与故事一起出售的人们，制作的是自己喜爱的东西，即使赚不到很多钱，也会生活得非常快乐，内心充满作为人的尊严和自豪。在这里，你看不到经济学家常挂在嘴边的由竞争带来的自由经济的理想状态。需求总是微妙地超出供给，在别处又找不到相同的东西，这才是可以形成某种"垄断"的新时代市场。

由于人工智能的问世，大量生产相同产品的生产方式不得不进一步压缩成本，但利润仍会无限接近于零。这不是我个人的看法，所有经济学教材上都是这样写的。这个过程正在不断加速，这也正是数字化发展及人工智能的可怕之处。

我不知道 Hobonichi 属于媒体、厂商、销售商，还是什么。

行政、财务或产品研发等工作可能正是因为一看到名片马上就能知道这是什么工作，才更容易被人工智能取代，渐渐陷入困境；而那些说不清是什么，反正是必须由人承担的工作则会一直存在，不会被人工智能取代。

我猜有些人大概会反驳："可是，系井重里是天才啊。如果将来的社会只有系井重里才能幸免失业，那其余的一亿人要怎么活下去呢！"不用担心，今后十年内还会出现很多类似工作。

比如您听说过脏乱房间整理咨询师吗？他们的工作是拜访杂乱肮脏的房间，帮主人分析为什么会这么乱，同时帮忙一起打扫干净，或者传授整理房间的方法。还有整理遗物的工作，也是我们在 20 世纪从没听说过的。这些工作必须根据具体情况提供不同的解决方案，都是人工智能或机器人无法取代的。

前几天，我还从朋友那里听说了一种有趣的工作，叫作"面向高学历高收入女性的婚姻咨询"。不知为什么，日本男性总是喜欢与学历、收入和年龄低于自己的女性结婚。据说如果学历或收入不如对方的话他们就会抬不起头来。东京大学、京都大学等一流学府的女生比例正在逐年增加，所以有一些女性会因为学历和收入太高而找不到对象。高学历和高收入的女生本来是更有魅力的，帮助她们找到能在一定程度上公平地分担家务和育儿，不固守那种一文不值的大男子主义，并且能够正常沟通的好男人，我对这个理念非常认可和赞同。

在 20 世纪，共享经济还没有问世。我二十多岁时，曾在美国的偏远地区度过六年学生时光。那个镇上的房子基本上都是为了共享而建的。在四室一厅的房子里，四个房间分别位于四角，中间是客厅，房子一进门就是带着大吧台的厨房。房间之间隔有浴室和厕所，同租者听音乐或带朋友来玩，都不会影响到别人。房子里有家电和家具，地下还有洗衣房，摆着十来台投币洗衣机。一起住在公寓里的都是互不相识的人，可能是朋友的朋友，或者通过小广告或报纸募集的同租者。现在美国应该会有一些专业网站，帮人们找到值得信赖、认可大家必须共同遵守的规则的同租者，如果没有可以马上做一个，肯定能赚到钱。而日本的公寓一般都只能一个人或者一家人居住。如果是几个人一起合租的话，房东会比较介意。所以除了结婚前同居的恋人，年轻人再穷也只能自己单独租房，电冰箱、微波炉、洗衣机和电视机等电器和床具等也都必须备齐一整套，非常不合理。不过不合理的地方总是蕴藏着商机，我觉得建造和经营共享公寓是值得期待的蓝海，现在也有人开始从事类似业务了。

可能您看到这里还会担心，"你说的这些都是空中楼阁。有一半的劳动都将被机器取代了，哪有这么多新业务能吸收这些人呢？"我不这么想。在 70 年前，第二次世界大战刚结束之后，我们曾经克服了与此十分相似的情况。那时的日本是一片废墟，曾是主要劳动力的壮年男子大多都死于战争。财阀被瓦解，又实施了农地改革，很多人失去了维持生计的来源。那又怎么样呢？后来日本出现了数不胜数的"现实的"业务，其中就包括索尼和本田。

最重要的是要保持灵活的头脑，要具有人类以及生物所特有的灵活性。然后，不要再躲到人工智能擅长的记忆或计算等领域，要思考事物的真正含义，从生活中寻找人们觉得不便或感到困难的场景。

当然，只有自己一个人觉得不便或困难还不行，必须是相当多的人都觉得"想要这种服务""我正为此发愁"的事情，才能成为业务。从这个意义来看，在今后的时代，女性可能比男性更适合创业，因为女性一般会比男性遇到过更多困难，而且女性与其他人共情的能力也更强。

现在，创业的门槛要远低于过去，只要能连接到网络，人们可以在家办公，财务和行政都可以使用专用软件，主页也可以通过众包找人做。接下来还希望银行别再根据以后会被人工智能取代的抵押方式进行审核，而是正确判断该服务是否有足够的需求，提供必要的建议，然后决定是否发放贷款。对初创企业的信用审核和扶助才是银行今后最应该做的工作。

创业当然也有可能失败，阅读理解能力在此时会发挥重要作用。因为换工作时，只有看懂之前并不熟悉的文件资料，才能尽快适应新的环境。

我在 2017 年 7 月创业成立了提供 RST 测试的社团法人"为了教育的科学研究所",最主要的目的是想通过 RST 评估中学生的阅读理解能力,也希望用这个方法看看学生们在入学方式更为多样化的大学里能否跟得上学校的课程,以及帮企业招聘到拥有足够阅读理解能力的人才。我创业最重要的原因,就是我知道有很多人正在为这个问题而苦恼。

如果您也对人工智能时代的未来忐忑不安,有心尝试创业的话,请您一定找一找周围的人有哪些"苦恼"。然后请您想一想怎样才能解决他们的"苦恼",而不是急着寻找放弃的理由。数字化和人工智能也是我们的朋友。即使规模很小,只要能找到需求大于供应的商业机会,你就一定能在人工智能时代活下去。只要这样的业务越来越多,那么无论日本还是其他国家,就都能找到新的生机,而不会陷入人工智能恐慌。

考虑必须由人考虑的问题,并将其付诸行动,这是我们生存下去的唯一出路。

后　记

最后我想说，在 2017 年的所有 TED 演讲中（除了第 266
代罗马教皇方济各发来的视频信息），最大的亮点不是开发了
YOLO 的约瑟夫·雷德蒙，也不是开发 Siri 的汤姆·格鲁伯，
不是埃隆·马斯克，也不是怀孕的塞雷娜·威廉姆斯，而是
以"盲目信仰大数据的时代必须结束"为题演讲的凯西·奥
尼尔。

凯西毕业于全美国最难考大学之一加州大学伯克利分校的
数学系，之后到哈佛大学继续深造。她凭借卓越的数学天赋
获得了博士学位，曾在 MIT 等学校执教，然后又来到华尔街
工作。在 2008 年金融危机之前，她是一名大有作为的数据科
学家。

金融危机带来的混乱使她开始对数据科学这一领域产生了
怀疑。后来，她成立了一家非营利组织，致力于揭露大数据
科学的欺骗和危险，而之前人们一直认为大数据客观且比人
类更准确。

在欧美国家，很多场合是用大数据来衡量人们的价值的。

从车险或寿险的保费、找工作时能否进入面试，到教师的解雇标准乃至犯罪嫌疑人是否会再次犯罪等，大数据分析都被用来"帮助"人们做出判断，从而形成基于数学的"客观评价"。很多人会毫不怀疑地接受这些机械的统计判断，然而这是非常危险的。

为什么呢？读到这里的聪明读者一定已经知道答案了。深度学习等统计系统只不过是根据"训练数据"对过去数据进行分析和判断的，只是在沿袭过去的判断。如果社会失衡，它就会使失衡进一步加剧。训练数据或注解设计反映了设计者的价值观。如果女性数学家的人数比较少，那么人工智能在根据大数据为女高中生推荐"将来应从事的工作"时，就绝不会推荐"数学家"这个选项。

通过有监督深度学习，人工智能的精度绝不会超过训练数据。如果训练数据的设计者居心叵测或者麻木不仁，那么他居心叵测和麻木不仁的程度都会被人工智能放大。是的，正像微软开发的聊天机器人 Tay 会称赞纳粹一样。

除了围棋或日本象棋等规则完全确定的问题，其他领域引进深度学习都不可避免地需要制作训练数据。什么是对的，什么有价值，对谁有意义等，都需要有人教给人工智能。这些问题不是以民主形式决定的，而是在你不知道的某个地方，由你不认识的某个人随意确定的。

接下来，我要感谢真挚诚恳、才华横溢的各位同事，他们不畏风险、全心全意地参与"机器人能考上东京大学吗"和"阅读技能测试"这两个在全世界都还没有先例的项目。我要衷心感谢国立信息学研究所前所长坂内正夫先生和已故前副所长东仓洋一先生，每当我突发奇想且不计后果地提出一个项目，他们总是苦笑着鼎力相助。还有诸野绘里香女士、石山晴美女士、小林登纪子女士以及我的家人，他们总是全力配合我，永远信任我、支持我。还要感谢山崎豪敏先生和岩本宣明先生，他们在本书的编辑过程中给予了我莫大帮助。最后，我还要感谢神明，让微不足道的我能遇到这些优秀的人们。

此外，我现在的目标是为所有初中一年级学生免费提供阅读技能测试，科学地评估他们在阅读理解方面的偏差和不足，确保所有人都能在初中毕业之前读懂课本。这样就可以避免最坏的情景，在人与人工智能共存的 21 世纪 30 年代，让日本实现"软着陆"。文部科学省实施全国学力及学习情况调查，每学年需要约 25 亿日元费用，而为所有初中一年级学生免费提供阅读技能测试也需要一定成本。

我决定将本书版税全额捐献给从 2018 年度开始提供阅读技能测试的"为了教育的科学研究所"。我们将用这部分初始资金构建阅读技能测试系统，制作测试题，让尽可能多的初一学生免费参加测试。

我提供免费测试有一个条件。初一学生只是参加测试，拿到结果，并不能提高阅读理解能力，因为恐怕很多学生都会只看一眼结果就团成一团扔掉（就像我和各位读初中时也曾这样对待测验成绩一样）。老师和家长的作用非常关键，从户田市的事例可以发现，掌握每个学生的阅读理解能力的同时，只有老师们亲自参加收费版阅读技能测试，由 PTA 和学校及教育委员会共同思考"学生到底为什么没学好""怎样才能让孩子读懂课本"等问题，才能见到成效。因此，我会优先为已经做好相应准备的教育委员会提供测试。

尽管如此，我们的资金恐怕还是不够。除了初中生，高中生、大学生以及社会人士都需要阅读技能，希望能有更多的人来参加测试。

让我们一起迎接幸福的 2030 年吧。

© 民主与建设出版社，2020

图书在版编目（CIP）数据

当人工智能考上名校 /（日）新井纪子著；郎旭冉
译. -- 北京：民主与建设出版社，2020.9
ISBN 978-7-5139-3059-8

Ⅰ.①当… Ⅱ.①新… ②郎… Ⅲ.①人工智能—普
及读物 Ⅳ.①TP18-49

中国版本图书馆CIP数据核字(2020)第091440号

当人工智能考上名校
DANG RENGONG ZHINENG KAO SHANG MINGXIAO

著　　者	[日]新井纪子	译　　者	郎旭冉
出版统筹	吴兴元	责任编辑	王倩
特约编辑	郎旭冉	营销推广	ONEBOOK
封面设计	Yichen	装帧制造	墨白空间

出版发行　民主与建设出版社有限责任公司
电　　话　（010）59417747　59419778
社　　址　北京市海淀区西三环中路 10 号望海楼 E 座 7 层
邮　　编　100142
印　　刷　北京盛通印刷股份有限公司
版　　次　2020 年 9 月第 1 版
印　　次　2020 年 9 月第 1 次印刷
开　　本　889 毫米 ×1194 毫米　1/32
印　　张　7.5
字　　数　127 千字
书　　号　ISBN 978-7-5139-3059-8
定　　价　39.80 元

注：如有印、装质量问题，请与出版社联系。